建筑与市政工程施工现场专业人员培训教材

施工现场材料管理

中国建设教育协会继续教育委员会　组织编写

李慧平　编著

中国建筑工业出版社

图书在版编目（CIP）数据

施工现场材料管理/ 中国建设教育协会继续教育委员会组
织编写. —北京：中国建筑工业出版社，2016.3
建筑与市政工程施工现场专业人员继续教育教材
ISBN 978-7-112-19048-5

Ⅰ.①施…　Ⅱ.①中…　Ⅲ.①建筑工程-施工现场-建筑材
料-管理-继续教育-教材　Ⅳ.①TU73

中国版本图书馆 CIP 数据核字（2016）第 024901 号

　　本书立足于工程项目建设现场，针对建筑施工企业在项目建设施工现场所面对
的材料消耗定额、计划、采购、供应、储备、场容场务、周转材料和工具以及材料
核算等业务，侧重于说明每项工作的主要内容、基本原理、管理思路和常用方法；
同时，为了迎合行业发展中对综合建设服务能力的需要，适当介绍了部分新的经营
模式及其对材料业务的影响；少量增加了材料业务与成本管理、预算管理的衔接内
容。

　　本书适合建筑与市政工程施工现场专业人员继续教育使用。

　　责任编辑：朱首明　李　明　李　阳　李　慧
　　责任设计：李志立
　　责任校对：陈晶晶　赵　颖

建筑与市政工程施工现场专业人员继续教育教材
施工现场材料管理
中国建设教育协会继续教育委员会　组织编写
李慧平　编著

*

中国建筑工业出版社出版、发行（北京西郊百万庄）
各地新华书店、建筑书店经销
北京红光制版公司制版
北京市书林印刷有限公司印刷

*

开本：787×1092 毫米　1/16　印张：11¼　字数：281 千字
2016 年 4 月第一版　　2016 年 4 月第一次印刷
定价：**30.00 元**
ISBN 978-7-112-19048-5
(28328)

建筑与市政工程施工现场专业
人员继续教育教材
编审委员会

主　任： 沈元勤

副主任： 艾伟杰　李　明

委　员：（按姓氏笔画为序）

参编单位：

中建一局培训中心

北京建工培训中心

山东省建筑科学研究院

哈尔滨工业大学

河北工业大学

河北建筑工程学院

上海建峰职业技术学院

杭州建工集团有限责任公司

浙江赐泽标准技术咨询有限公司

浙江铭轩建筑工程有限公司

华恒建设集团有限公司

序

建筑与市政工程施工现场专业人员队伍素质是影响工程质量、安全、进度的关键因素。我国从 20 世纪 80 年代开始，在建设行业开展关键岗位培训考核和持证上岗工作，对于提高建设行业从业人员的素质起到了积极的作用。进入 21 世纪，在改革行政审批制度和转变政府职能的背景下，建设行业教育主管部门转变行业人才工作思路，积极规划和组织职业标准的研发。在住房和城乡建设部人事司的主持下，由中国建设教育协会主编了建设行业的第一部职业标准——《建筑与市政工程施工现场专业人员职业标准》JGJ/T 250—2011，于 2012 年 1 月 1 日起实施。为推动该标准的贯彻落实，中国建设教育协会组织有关专家编写了考核评价大纲、标准培训教材和配套习题集。

随着时代的发展，建筑技术日新月异，为了让从业人员跟上时代的发展要求，使他们的从业有后继动力，就要在行业内建立终身学习制度。为此，为了满足建设行业现场专业人员继续教育培训工作的需要，继续教育委员会组织业内专家，按照《标准》中对从业人员能力的要求，结合行业发展的需求，编写了《建筑与市政工程施工现场专业人员继续教育教材》。

本套教材作者均为长期从事技术工作和培训工作的业内专家，主要内容都经过反复筛选，特别注意满足企业用人需求，加强专业人员岗位实操能力。编写时均以企业岗位实际需求为出发点，按照简洁、实用的原则，精选热点专题，突出能力提升，能在有限的学时内满足现场专业人员继续教育培训的需求。我们还邀请专家为通用教材录制了视频课程，以方便大家学习。

由于时间仓促，教材编写过程中难免存在不足，我们恳请使用本套教材的培训机构、教师和广大学员多提宝贵意见，以便我们今后进一步修订，使其不断完善。

中国建设教育协会继续教育委员会

2015 年 12 月

前　言

　　建筑业是推动我国经济社会发展，关系国计民生的支柱产业。建筑企业材料管理是建筑企业经营管理的重要组成部分，是体现企业现代化管理水平的重要标志和提高经济效益的重要途径。尤其是随着国家及行业管理体制和机制改革的不断深化，随着绿色建筑、"互联网+"和现代物流的不断发展，大量新情况、新特点和新课题不断涌现，迫切需要建筑企业的相关管理人员不断转换观念、更新知识、提高素质，为推动建筑产业现代化作出新的贡献。本书内容力求更贴近施工现场实际，贴近现场材料管理人员工作实际，同时紧跟时代步伐，将建设行业经营新模式、材料管理新方法融入其中，是建筑企业材料管理人员的专业书籍，也可作建筑行业物流专业的参考资料。

　　在本书编辑出版过程中，得到了中国建筑工业出版社的大力支持和帮助，也得到了不少同行的支持鼓励。但发展永无止境，创新永无止境，热切希望广大读者提出新的补充修改意见。

2015 年 12 月

目 录

一、材料消耗定额管理

（一）建设工程造价与材料消耗定额

建设工程造价是指进行某项工程建设所花费的全部费用，其核心内容是投资估算、设计概算、修正概算、施工图预算、工程结算、竣工决算等等。计算工程建造价格主要包括三个要素，即量、价、费。工程造价的主要任务是根据图纸、定额以及清单规范，计算出工程中所包含的直接费（人工、材料及设备、施工机具使用）、企业管理费、措施费、规费、利润及税金等等。做好工程造价应熟悉各专业工程技术规范、造价定额及有关建设管理制度，熟悉各专业工程的计量规则，具有较强的工程量计算能力，能编制项目各阶段造价文件，包括投资估算、设计概算、修正概算、施工图预算、招标控制价（工程量清单预算）、投标报价、工程结算、竣工决算等。

各阶段的计价过程和所形成的计价文件中，无论是量、价还是费，材料的量、价和基于此基础上的费，都与材料消耗定额有着密切的关联。以材料消耗定额为依据计算的工程材料成本，通常占据整体工程建设成本中的 60%～80%，所用材料的品种规格涉及 80 个大类、2000 多个品种、3 万多个规格，包括冶金、建材、化工、石油、森林、机械、电子、轻工、仪表等 50 多个工业部门的产品。建筑工程每年耗用的钢材约占全社会钢材总消耗量的 25%，木材总消耗量的 40%，水泥总消耗量的 70%，玻璃总消耗量的 70%，塑料制品总消耗量的 25%，总运输量的 28%。根据国家投入产出分析，我国建筑业每增加 1 元产值，可使其他相关部门的产值增加 1.1 元，从而使全社会增加 2.1 元的产值。同时，由于建筑业属于劳动密集型行业，手工操作比重大，因此，可以容纳较多的劳动力。据测算，每增加 1 万 m² 建筑任务，可直接、间接吸纳就业人员 1000 人左右。因此，施工现场材料管理人员不仅要成为熟知材料消耗定额的专业人员，还应了解材料消耗定额对工程造价的影响，正确处理与工程造价中其他专业因素的关系，从而能够综合平衡各元素的配置，实现综合效益的最佳。

1. 工程造价的作用

工程造价是根据施工图、施工组织设计和施工方案，按照政策规定的工程造价计价管理办法，计算出的建设工程项目的造价。目前，按照国家现行的有关文件规定，工程造价计价方式有两种。一是清单计价，即根据建设工程工程量清单计价规范，计算出分部分项工程量清单和措施项目清单，依据工程建设地区的价格水平计算出的工程造价。全部使用国有资金投资或国有资金投资为主的大中型建设工程应执行清单计价方法。二是定额计价，即由地区建设主管部门，根据当地的经济发展水平，生产资料资源和人力资源配置状况，市场价格水平，建筑技术应用情况等因素，制定出当地的建设工程预算定额，以此为计价依据计算出的工程造价为定额计价。除必须实行清单计价方法的工程外，均可执行定额计价。

工程造价是项目管理工作的基础，不但确定收入，同时还要为整个项目管理工作提供基础资料，要和项目部各个部门进行配合。

工程造价应为财务部门提供准确的收入依据，以便财务部门进行核算，做好收入对比。为统计部门提供报量的依据，配合统计部门准确统计工作量，确保工程款的回收。做好施工预算，分部分项提供人、料、机的消耗量，为生产部门安排生产提供依据，为材料部门材料采购提供数量及价格方面的依据，为人力资源部门提供人工费的收入情况。与技术部门紧密配合，督促洽商增减账及时签认，并参与重要技术方案的经济论证。随时为项目经理提供各种收入信息，以便对项目各个环节的事项做出决策。

施工现场做好工程造价管理应注意的问题：

一是针对所在项目的情况，应认真学习和领会国家、地方政府颁发的有关计价方法、预算定额、取费标准等方面的政策、法令、法规及政府主管部门发布的有关规定，结合项目实施情况制定实施细则，不断提高工程造价的编制、审核和管理水平，搞好投标报价工作，保证企业的合理收入。

二是搞好与有关部门的协调与合作，及时向有关部门提供有关工程造价的情况及其他有关技术资料，切实为生产、技术、核算和施工管理服务。

三是经常收集、积累、分析和整理有关新技术、新材料和新工艺方面的技术经济数据，为编制补充单价及造价管理部门编制、修改工程预算定额提供数据。

四是积极学习、应用和推广现代化管理方法，不断提高造价编制速度和质量，建立和健全技术经济管理制度，做好工程造价档案的管理工作。

2. 工程造价的组成内容

按国家现行有关文件规定，建设工程造价由直接工程费、间接费和利润税金三部分组成。

（1）直接工程费

是指直接参与施工生产，构成建设工程实体或为工程项目建设提供直接支撑性服务所发生的费用，包括直接费、其他直接费和现场经费三部分内容。

1）直接费

直接费包括人工费、材料费、施工机械使用费。人工费是指直接从事建筑安装工程的生产工人和附属生产单位（非独立经济核算单位）工人开支的各项费用，计算方法为：

$$人工费＝\Sigma（人工预算定额消耗量×工程量×相应等级的工资单价）$$

材料费是指施工过程中耗用的构成工程实体的原材料、辅助材料、构配件、零件和半成品的费用，以及周转材料的摊销（或租赁）费用，计算方法为：

$$材料费＝\Sigma（材料概预算定额消耗量×工程量×材料预算单价）$$

施工机械使用费是指使用施工机械作业所发生的机械使用费以及机械安、拆和进出场费，计算方法为：

$$施工机械使用费＝\Sigma（施工机械台班概预算定额用量×工程量×机械台班单价）$$

2）其他直接费

其他直接费是指除了直接费之外的，在施工过程中发生的具有直接费性质的费用。一般包括：冬雨期施工增加费、夜间施工增加费、材料二次搬运费、仪器仪表使用费、生产工具使用费、检验试验费、特殊工程培训费、工程定位复测、工程点交、场地清理等费用及特殊地区施工增加费。其他直接费是按相应的计取基数乘以其他直接费率确定的，计算方法为：

土建工程：其他直接费＝直接费×其他直接费率

安装工程：其他直接费＝人工费×其他直接费率

3）现场经费

现场经费是指为施工准备，组织施工生产和管理所需的费用，包括临时设施费和现场管理费两方面。其中临时设施费是指施工企业为进行建筑安装工程施工所必需的生活和生产用的临时建筑物、构筑物和其他临时设施的搭设、维修、拆除费用或摊销费用。临时设施费包括临时宿舍、文化福利及公用事业房屋与构筑物、仓库、办公室、加工厂及规定范围内道路、水、电、管线等临时设施和小型临时设施。临时设施费一般单独核算，包干使用。现场管理费是指发生在施工现场一级，针对工程施工所进行的组织经营管理等支出的费用。现场管理费包括现场管理人员的基本工资、工资性补贴、职工福利费、劳动保护费等；以及现场办公费、差旅交通费、固定资产使用费、工具用具使用费、保险费、工程保修费、工程排污费、其他费用。现场管理费是按相应的计取基数乘以现场管理费率确定的。计算公式如下：

土建工程：现场管理费＝直接费×现场管理费费率

安装工程；现场管理费＝人工费×现场管理费费率

（2）间接费

是指未直接参与施工建造过程，但对工程项目建造起服务、保障性作用所发生的费用。主要包括企业管理费、财务费和其他间接费。

1）企业管理费

企业管理费是指施工企业为组织施工生产经营活动所发生的管理费用。内容包括：企业管理人员的基本工资、企业办公费、差旅交通费、固定资产使用费、工具用具使用费、工会经费、职工教育经费、劳动保险费、职工养老保险费及待业保险费、税金、其他费用。

2）财务费

财务费是指企业为筹集资金而发生的各项费用，包括企业经营期间发生的短期贷款利息净支出、汇兑净损失、金融机构手续费，以及企业筹集资金发生的其他财务费用。

3）其他费用

其他费用包括按规定支付的工程造价（定额）管理部门的定额编制管理费和劳动定额管理部门的定额测定费，以及按有关部门规定支付的上级管理费。

（3）利润和税金

利润是建安企业为社会劳动所创造的价值在建筑安装工程造价中的体现，是按照规定的利润率计取的企业赢利。税金是指国家税法规定的应计入建筑安装工程费用的营业税、城乡维护建设税及教育费附加。

3. 工程造价的编制程序和方法

广义所称的工程造价包括三种表现形式，建设施工企业常称之为"三算"，即设计概算、施工图预算和工程竣工决算。其中设计概算是基础，是设计单位在进行施工图设计时按有关部门批准的初步设计和投资规模进行的设计，不能任意突破。施工图预算和竣工决算也应该控制在设计概算的范围之内。

（1）设计概算

由设计单位负责编制。一个建设项目，如果由几家设计单位共同承担设计任务时，应由承担主要设计任务的单位统一掌握设计概算的编制原则，并负责编制总概算。其他各设计单位分别负责编制自己所承担的设计项目的设计概算。

1）设计概算的主要内容

在建设项目初步设计阶段，设计单位根据初步设计（或扩大初步设计）图纸、概算定额及基本建设主管部门颁发的有关取费标准编制的建设工程费用文件。设计概算包括建设项目从筹建到竣工验收的全部建设费用，主要包括以下内容：

① 建筑工程费，包括新建、改建、扩建等土建工程所需的建设费用。

② 安装工程费，包括生产、动力、起重、运输、传动、实验、医疗等设备的装配和装置工程所需要的费用。

③ 设计购置费，包括购置生产、动力、起重、运输、传动、实验、医疗等设备所需要的费用。

④ 工具、器具购置费，包括为购置生产用工具、器具、经营管理或生活用具所需的费用。

⑤ 其他费用，包括除上述范围外，为建设工程所必需的一切费用，如土地征购费、拆迁费、"七通一平"费、基建管理费、生产工人培训费、试车费等。

设计概算是设计文件的重要组成部分。无论大中小型项目，在报请审批初步设计或扩大初步设计的同时均需附有设计概算。没有设计概算，不能作为完整的设计技术文件。

2）设计概算的作用

设计概算是建设主管部门确定和控制基本建设投资的依据，经主管部门审批后，其总费用就成为该项工程基本建设投资的最高总额。不论是年度基本建设投资计划安排、银行拨款和贷款、竣工结算等，在未经主管部门批准增加概算之前，均不能突破这个限额，以维护基本建设计划的严肃性。设计概算是编制基本建设计划的依据，基本建设年度计划安排的工程，其投资需要量的确定、基本建设物资供应计划、劳动力计划和建筑安装施工费用等，都以基建主管部门批准的设计概算为依据。设计概算是选择设计方案的重要依据，设计概算是设计方案的技术经济效果的反映。通过设计概算，可对同类工程的不同设计方案进行技术经济效果的比较，以便选择最佳经济方案，达到节约投资的目的。在施工图预算未编出之前，设计概算还可以作为建设单位对施工单位进行招投标、议标或控制标价的依据，也可作为向金融机构进行贷款的依据。

3）设计概算的编制依据

编制设计概算应依据以下内容：

① 计划任务书（或称设计任务书）。是由国家或地方建设主管部门批准的文件，其内容随建设项目的性质而异。一般包括建设目的、建设规模、建设理由、建设布局、建设内容、建设进度、建设投资、产品方案和原料来源等。只有根据设计任务书编制的概算，才能列入基建投资。

② 设计文件。包括设计图纸、设计说明书、设备数量表、主要材料表等。根据设

文件，才能了解其设计内容和要求，计算主要工程量。它是编制设计概算的基础资料。

③ 概算定额。由国家或地方建设主管部门编制颁发的，是计价的依据。不足部分可参照概算定额的编制原则、标准和方法编制补充单价。

④ 设备价格。各种定型设备，包括各种用途的泵、空压机、起重运输设备、锅炉、变配电设备、电动传送设备、金属切割锻压铸造设备等，均按产品出厂的报价计算。非标设备按非标准设备制造厂的报价计算。此外还应增加供应部门手续费、包装费、采购保管费及运输费等费用。

⑤ 其他工程费和费用标准。可按地方建设主管部门规定的计算报价和计算方法计算，如建设管理费。

4）设计概算的编制方法

根据初步设计或扩大的初步设计的要求，按概算定额项目的分项要求及计算规定，计算出主要工程量，再乘以概算定额规定的相应单价，最后汇总成单位工程概算。由于此概算是在初步设计或扩大的初步设计的条件下编制的，其中有若干设计要求的细节尚未确定，其中一部分非主要工作项目和数量，不可能完全计算出来。因此，在编制概算时，需充分考虑这一部分因素。

（2）施工图预算

根据施工图、施工组织设计和施工方案，按照现行建设工程预算定额及取费标准，结合建设工程材料预算价格和地方建设主管部门颁发的其他有关取费规定，进行计算和编制的单位工程建设费用文件。

1）施工图预算的主要内容

施工图预算主要包括编制说明、建筑面积、分部分项工程量、计量单位、单价、合价、直接工程费、间接费、利润和税金等，以及其他按建设主管部门规定应计取的费用。此外，若有概算定额单价以外的补充单价时，还应附有补充单价分析等。

2）施工图预算的主要作用

施工图预算是确定建筑安装费用的主要文件，它的作用主要表现在以下几方面：

① 对于按定额计算工程造价的工程来说，施工图预算是施工企业进行投标时确定报价的基础和依据；是建设单位进行工程招标时，确定标底、控制标价的依据。

② 是施工企业确定收入的依据，是搞好企业经济核算的基础。

③ 是施工企业进行施工准备的依据。施工前编制材料备料计划、劳动力计划、加工订货计划、机械使用计划、财务支出计划等都必须利用施工图预算的有关数据，并据此进行施工准备。

④ 是施工企业编制施工计划、计算建安工作量的依据。根据基本建设程序规定，编制施工计划的工程项目，要做到设计、材料、投资三落实。经有关部门审定的施工图预算，就为施工单位编制施工计划提供了可靠的依据。

⑤ 是采购、供应、控制施工用料的依据。在施工图预算中，既有工程量，又有工料数量，据此可作为备料、领料和控制损耗的依据。由于材料费一般占工程造价的60%～80%，所以，严格控制材料消耗，是控制工程成本的一项重大措施。

⑥ 是施工单位做好统计工作的依据。建安工作量的统计是完成情况的统计，是生产管理中一项重要内容。在施工图预算中分部分项工程量及价值量是统计部门确定和反映建

安工作量完成情况的依据。

⑦ 是银行拨付工程价款及工程结算的依据。如果是国家计划投资的工程，建设银行根据有关部门审定的施工图预算，依照建设单位确认完成的部位拨付工程款。

⑧ 是检验设计是否合理的依据之一。如施工图预算超过设计概算时，则说明超过了原计划标准，建设单位应同设计单位协商修改设计或上报主管部门同意后修增设计概算。

⑨ 是施工企业进行"两算"对比的依据。施工图预算或通过投标确认的中标价，是施工企业收入的依据，为进行"两算"对比，搞好工程项目经济核算创造了条件，使企业为改善劳动组织、推广先进技术、提高劳动生产率、节约施工用料及施工管理费和其他费用开支明确目标。工程完工后，企业根据实际成本支出和概算对比，就可看出降低成本金额的多少，通过降低成本率的高低可考核施工企业的施工技术水平和生产经营管理水平。

3）施工图预算的编制依据

编制施工图预算，主要依据施工图纸及设计说明书、施工组织设计或施工方案、建设工程预算定额、建设工程材料预算价格、建设工程机械台班费用定额、建设工程间接费及其他费用定额、建设工程施工准备合同、地方建设主管部门根据市场变化而颁发的调价或其他取费规定。

4）施工图预算的编制程序

编制施工图预算应在设计交底、图纸会审的基础上，按下列程序和要求进行：

① 学习和掌握工程预算定额，包括定额的分项工作内容、要求及有关规定，计量单位、工程量计算方法等。学习施工图纸及设计说明书，全面了解工程设计意图，对图纸中的矛盾和问题，与建设单位及设计人员协商解决。

② 掌握施工组织设计或施工方案的要求，并深入现场了解有关情况，如"七通一平"情况，现场自然标高和设计标高的差异等。

③ 计算工程量。计算工程量是编制施工图预算的重要环节。工程量计算的正确与否，直接影响施工图预算的质量。预算人员应在熟悉施工图及现场施工要求的基础上，根据施工图各部分尺寸及定额规定的工程量计算方法，按顺序计算出各分部分项工程量，如基础、结构、内外装修及零星工程。为了提高计算速度，防止遗漏，计算结构工程时可先把门窗洞口的分布情况及面积列出表来，以便在计算时扣除门窗洞口的面积。习惯算法是按顺时针方向从左到右，先横后竖，由上而下。安装工程一般应按干线、支线、分层、分段、分系统进行计算，然后逐步逐项汇总。计算时要注意轴线或部位，以便复查核对。

④ 汇总工程量。工程量计算完毕并经复核无误后，应按照预算定额规定的口径，分部分项、顺序汇总，分项列出，为填写预算单价做好准备。

⑤ 编制补充单价。由于新技术新材料不断出现，预算定额在一定时期内，往往不能完全满足使用需要。因此，必须针对工程的具体情况，按照新材料的价格及新工艺、新技术所需耗用的人工、材料、机械台班，依照预算单位编制规定和程序进行编制或换算。编制的补充单价应附在施工图预算书内。

⑥ 填写预算单价并计算直接费。填写单价应严格按照工程项目及预算单价进行，使用单价要正确。每一分项工程的定额编号、名称、规格、计量单位、单价，均应与定额要求相符。

⑦ 计算各种费用。直接费汇总后，即可进行其他直接费、间接费、利润和税金及其

他按规定应计取的各种费用的计算。计算时应按照建筑、安装、市政预算计算程序进行，这样可防止遗漏或把计算关系弄错，也有利于有关部门检查复核。

⑧ 编写施工图预算书的编制说明。主要是简明地反映编制情况及存在的问题。一般包括：一是编制依据，如依据的施工图、何时何地的预算定额或估价表、其他直接费、间接费及其他费用的计算依据，施工组织设计或施工方案等。二是计算范围，除施工图纸外，还包括相应变更内容，如设计交底记录、洽商变更记录。三是钢筋、铁件是按定额计算还是按施工图实际需要计算。四是对"暂估"项目的处理意见。五是进口设备材料加工订货单价的来源，结算时是否再调整。六是预算中仍存在的问题及拟处理的方法。

⑨ 施工图预算中应附主要设备、材料一览表，包括项目名称、规格、数量、单位、单价、合价等。

⑩ 施工图预算编制完成后，编制单位应组织人员进行审查；并送有关部门审查定案，如有修正可附在后面。

5）编制施工图预算应注意的问题

① 编制依据的施工图应是已进行过会审和设计交底的。施工单位在接到施工图后，应分别组织有关人员认真熟悉施工图和设计要求，并由技术部门组织生产、技术及预算等部门的有关人员进行会审。针对施工方法、物资供应、现场条件及加工订货等，找出设计中存在的问题；然后，请设计人员进行说明和交底，说明设计意图和要求，对施工中需要进行修改或变更的问题，由设计单位做出修改图纸或由建设单位、设计单位和施工单位共同签认设计变更记录。

② 编制依据的施工组织设计或施工方案应为已获准审批的。施工组织设计或施工方案，由技术部门根据建设工程特点、施工图设计要求及现场施工条件进行编制。其内容一般应包括：工程概况、施工现场平面布置、施工部署、施工方法、技术措施、大型机具的配备方案、施工任务的划分、施工进度网络计划等。

③ 应明确甲乙双方在材料采购和加工订货方面的分工。对需要委托加工订货的设备、材料、构件等，提出委托加工计划，落实加工单位及加工产品的价格。若来不及落实加工价格时，则先暂估，以后再做调整。

（3）竣工决算

是建设项目的全部工程完工并经有关部门验收后，由建设单位编制的综合反映工程从筹建到竣工投产全过程中各项资金的实际使用情况和建设成果的总结性文件。

1）竣工决算的主要内容

竣工决算的内容主要包括两部分：

① 文字说明。包括工程概况、设计概算和基本建设计划执行情况，各项技术经济指标完成情况、各项拨款使用情况、建设成本和投资效果分析、建设过程中的主要经验、存在问题和解决意见等。

② 决算报表。包括竣工工程表、竣工财务决算表、交付使用财务总表和交付使用财务明细表。表格的详细内容及具体做法，按所在地区建设主管部门所规定的决算报表进行填报。

竣工决算一般应在竣工项目办理验收后一个月内编制完成，并上报主管部门。其中有关财务成本部分，应送建设银行，经审查签证后才予核销。

2）及时办理竣工决算的作用

及时办理竣工结算具有以下作用：

① 可作为正确核定固定资产价值，办理交付使用、考核和分析投资效果的依据。对已完工验收的工程项目，及时办理竣工决算及交付手续，可使建设单位对各类固定资产做到心中有数。工程移交后，工程使用单位掌握了竣工图，便于对地下管线进行维护管理。

② 及时办理竣工决算，并依此办理新增固定资产转账手续，可缩短建设周期节约基建投资。已完工并具备交付使用条件或已验交并已使用的建设项目，如不及时办理移交手续，不仅不能提取固定资产折旧，而且所发生的维修费、更新改造资金及职工的工资等，都要在基建费用中支出。这样，既扩大了基建投资支出，又不利于生产管理。

③ 办理竣工决算后，建设项目的拥有单位可以正确计算已经投入使用的固定资产折旧费，合理计算运营成本，便于经济核算。及时办理竣工决算及工程移交手续，施工企业亦可及时完成成本核算。甲乙双方均可全面清理财务账目，做到工完账清，便于及时总结建设经验，积累各项技术经济资料，提高建设管理水平和投资效果。

4. 材料消耗定额在工程造价中的应用

无论是设计概算、施工图预算还是竣工决算，其中占据 60%～80% 的内容均涉及材料消耗的内容。材料消耗定额是确定材料消耗数量的基础依据，是确定工程量、计算工时、需要机械台班数量的重要依据。只有以材料消耗定额计算所得到的材料数量，才可能通过材料预算价格相乘而得到各项成本，才可能依据成本而计取相关费用。因此，没有材料消耗定额就不可能得到准确的工程造价，施工企业材料消耗定额的应用水平和管理水平也就影响着工程造价的管控水平。

（1）材料消耗定额在工程造价中的作用

1）材料消耗定额是确定"量"的重要依据

设计概算中的"建筑工程费"由直接工程费、间接费和利润与税金组成，材料费用是直接工程费中的重要内容。一般工程中，材料费用占据建筑工程的 70%～85%，如功能相对复合、层高及工艺要求较高的工程，材料费用占据的比例也不低于 60%。因此，如果没有材料消耗数量的准确计算，势必影响着总造价的准确程度。

施工图预算在工程量确定完成后，最主要的任务就是将每个分项工程中的每个操作项目，找到其所对应的材料消耗定额，然后才能计算出其所需要使用的材料数量。而这个数量的大小不仅影响操作者所需要耗用的时间、技术、工艺，还会影响机械使用时间、工序搭接节点等其他生产安排。因此，材料消耗定额使用得正确与否，会影响其他一系列的安排和结果。

竣工决算时，有关材料决算的内容就是将设计概算与施工图预算中所涉及的全部材料消耗过程及结果通过决算报表反映出来。如果没有准确的计算依据和过程中的无差错统计，竣工结算是不可能完成的。

2）材料消耗定额是形成"价"的基础资料

工程造价，从其基础原理的角度说，可以理解为在量的基础上乘以价格而最终以"价值"的方式体现出来的。材料的消耗"量"来自于定额，如果这个"量"不准确，即使材料预算价格再准确、再贴近实际，仍然无法形成准确的材料造价，对工程造价的影响也必然存在。

设计概算、施工图预算和竣工决算中相关费用的计取依据均是以直接工程费为基础按费率的方式进行计算的。如果以材料费用为主要内容的直接工程费计算不准确,以此为依据的费率计算法得到的费用是不可能正确的。甚至有时候因材料消耗定额使用不正确致使材料需用量和材料造价产生较大差异时,其导致的费用计取偏差很大。无论是对建设单位还是施工承包方或是劳务分包方,都将造成较大的影响。

3)材料消耗定额和材料预算价格的适当补充是完善工程造价的重要手段

随着对建筑全寿命周期内节能、环保的要求,新材料、新技术、新工艺也不断涌现。而建设主管部门颁发的材料消耗定额不可能全面覆盖最新的内容,因此,企业需要根据工程项目实际情况,并依托企业的技术能力和经营管理实力,努力推进新材料、新技术、新工艺的应用,同时也就需要补充相应的材料消耗定额及所涉及的材料预算价格。定额的补充方法见本书材料消耗定额管理的相关内容。材料预算价格的补充方法需要根据所用材料的种类,以采购时出厂价格、制造材料的成本价格、类似材料的平均价格等方法,综合相关税费后合成而得。补充的材料消耗定额和材料预算价格,可作为暂估价纳入工程造价,并明确工程结算时的调整原则。

动态观察补充的材料消耗定额和材料预算价格在后续应用中的变化情况。单独统计补充材料消耗定额所涉及材料的消耗数量,详细记录消耗规律及损耗比率,积累经验,为后续形成材料消耗定额提供数据。对补充的材料预算价格,要注意收集和记录工程建设周期内价格变化趋势的资料,为工程结算和竣工结算时确认价格提供参考。

(2)施工预算的内容和编制程序

在工程项目的建造过程中,需要将施工图所示内容拆分为分项工程,即分专业工种进行施工。在实际生产过程中,施工现场需要根据施工图纸所示工程量,结合上道工序完成结果核定实际需完成工程量,依据施工定额规定的分项工程和实际操作工艺和方法,计算完成该分项工程所需费用,将每个分项工程的费用汇总后形成的经济文件,即施工预算。在施工企业内把施工预算与施工图预算的对比简称为"两算"对比。

1)施工预算的内容

施工预算包括工程量、人工数量、材料限额耗用量、大型机械的机种和台班数量、其他资料及降低成本的措施六项内容。

① 工程量是按施工图和施工定额口径规定计算的分项、分层、分段工程量。

② 人工数量是分项、分层、分段工程量及时间定额,计算出分项、分层、分段的各工种用工量,最后计算出单位工程总用工数及人工费。

③ 材料限额耗用量是根据分项、分层、分段工程量及施工定额中的材料消耗数量,计算出分项、分层、分段的材料需用量,然后汇总成为单位工程材料用量,并计算出单位工程材料费。

④ 大型机械的机种及台班数量。根据分期工程量及机械台班消耗定额计算出单位工程所需的机械台班需用量,包括机械名称、型号、规格,按施工方案的要求确定。

⑤ 根据有关规定计算的其他资料。如模板的合理需要量,混凝土、木构件及制品的加工数量、五金明细表、钢筋配料单等。

⑥ 降低成本技术措施。施工预算的人工、材料、机械台班用量,是在施工图基础上,考虑了新技术、新工艺以及经有关部门同意的合理化建议等因素后计算得出的。因此,在

施工预算中应附拟采用的技术措施及合理化建议的内容，以保证施工人员及生产工人能按这些措施进行施工，达到降低成本的目的。

2）施工预算的作用

施工预算实质上是施工企业基层单位的成本计划文件，具有以下作用：

① 施工预算是搞好施工作业计划管理的重要依据。施工作业计划是项目部、施工队搞好施工管理的和中心环节。施工预算可为施工作业计划的编制提供分层、分段和分部、分项工程量，材料需用量，分工种的用工量及混凝土、木构件的加工订货数量。

② 施工预算是施工管理部门或项目部向作业队和生产班组下达工程任务书和限额领料的依据。向生产班组下达的任务书中包括工程内容、工程量、分工种定额用工量、材料允许消耗量等数据，都需依靠施工预算提供。

③ 施工预算是推行奖励制度的依据。施工预算中规定的为完成某项工程所需人工、材料消耗量，是按施工定额计算的，超额部分是生产班组计算超额奖励的依据。

④ 施工预算是项目部和作业队进行"两算"对比的依据。施工图预算是建筑施工企业收入的依据；施工预算的总费用，则是建筑企业控制各项支出的依据。把施工预算和施工图预算进行对比，可考核两者有无计算错误，如发现问题，可及时进行纠正。

⑤ 施工预算可以起到督促或保证降低成本技术措施实施的作用。预算人员在计算施工预算的工程量、人工、材料数量时，一般都把降低成本技术措施的因素考虑在内。因此，施工管理部门只要严格按施工预算的规定控制用工、用料，就能保证降低成本措施的落实和目标的实现。

3）施工预算的编制程序

编制施工预算，一般按下列程序和要求进行：

① 掌握并熟悉施工图纸及有关技术业务资料包括：施工图纸、设计说明及标准大图样、施工定额、施工组织设计或施工方案和施工平面布置图。

② 计算工程量。工程量计算的主要依据是施工图以及施工定额规定的分项要求，是编制施工预算的关键，要做到及时、准确按分层、分段、分项、分部的要求逐项进行汇总，为下一步工序创造条件。

③ 进行劳动力、材料、机械台班需用量分析。先按分项工程量及施工定额规定的分期工程每一个计量单位的工料消耗，计算出分期工程的材料、人工数量；施工机械的机种、型号及台班费，按施工组织设计要求计算。同时还应列出构配件明细表。

④ 填写材料、人工单价并计算其价值。主要根据国家或地方建设主管部门规定的材料、人工及机械台班单价进行填写，并计算出单位工程的材料、人工、机械台班费用，最后汇总成单位工程的人工、材料、机械直接费。

⑤ 写编制说明。主要说明编制依据、计算规范、降低成本技术措施、特殊情况的处理方法及其他有关问题。

施工预算的编制工作，应由项目经理组织预算员、劳动定额员、材料定额员、成本员、计划员、加工订货（翻样）员及有关工长等分工负责。一般分工是：技术部门应首先提出降低成本的技术措施，其中包括先进的施工技术、工艺、科学管理方法和挖潜措施。在这个基础上，由预算员负责按照施工图及施工定额的分项要求，计算出分项、分部、分层工程量，并列出工程项目及数量；材料定额员负责按材料消耗定额计算出材料需用量，并填写好材料单价；劳动定额员根据施工定额计算出分工种的用工量；大型机械的机种、型号、台数由计划员提供，或依据施工组织设计或施工方案所确定的机械型号及台数计算；成本员协助计算人工合计及累计费用。最后，由预算员汇总成完整的单位工程施工预算。

（3）施工图预算与施工预算的对比

施工企业为搞好经济核算，用施工图预算和施工预算进行对比，也称为"两算"对比。对比的内容主要包括主要项目工程量、用工数量及主要材料消耗量。

施工图预算和施工预算的区别主要有：

1）从编制责任上看，施工图预算多由公司或分公司预算部门统一编制，而施工预算多由项目部负责组织有关技术业务人员编制，编制中考虑现场实际情况更多，依据现场个性条件更多。

2）从编制依据看，除施工图纸、设计说明和施工组织设计外，施工图预算是依据建筑工程预算定额、建筑工程费用定额及有关规定进行计算编制；而施工预算则是按照施工定额编制。

3）从编制内容看，施工图预算主要反映建筑安装工程量及为完成这些工程所需的全部费用，即预算造价。而施工预算主要反映分段、分层、分项及为完成这些项目所需的人工、材料及机械台班数量及费用。

4）从作用看，施工图预算反映单位工程的建筑安装工程价值，是确定投标价及企业收入的依据；而施工预算则是用来指导施工生产，加强核算，控制各项成本支出的依据。

通过"两算"对比，可对施工预算和施工图预算起到互审的作用，发现差异找出原因，加以纠正。这样既可以保证符合建设主管部门的政策要求，防止多算漏算，确保企业的合理收入，又可以使施工准备工作中的人工、材料、机械台班数量准确无误，满足施工要求，还可以使领导者和施工管理人员对收支情况做到心中有数，提高企业的核算水平和经济效益。

（二）材料消耗定额的作用及种类

生产产品的量与消耗材料的量之间有着密切的比例关系。材料消耗定额就是材料消耗和生产产品之间数量比例关系的约定。材料消耗定额是完成建筑产品生产、计量建筑产品原材料消耗的依据，是建筑施工企业申请、供应、使用和核算材料成本的依据。

1. 材料消耗定额在建筑企业材料管理中的作用

材料消耗过程伴随着施工生产过程，材料成本占工程成本的 $60\%\sim80\%$。因此，如何合理地、高效地使用材料，降低材料消耗，是建筑材料管理的重要内容。材料消耗定额是实现材料管理目标的基本标准和基本依据，在企业材料管理中的作用主要表现在以下几方面：

（1）材料消耗定额是编制材料计划的基础

施工生产是有计划进行的，为高效组织和管理施工生产所需的材料，必须按照材料消耗定额编制各种材料计划。例如施工生产准备伊始，必须按材料消耗施工定额预先进行用料分析，并依此编制材料需用计划。

【示例 1-1】 某砌筑工程，砌筑为 240mm 内砖墙 100m³。该操作项目需用材料砖、水泥、砂子、石灰等，分别查定各种材料消耗定额，并计算材料需用量。

解： 砖的消耗定额为 510 块/m³，则该项工程砖的需用量为：

需用量＝建筑安装实物工程量×该操作内容砌墙砖的消耗定额
　　　　＝100m³×510 块/m³
　　　　＝51000 块

用同样的方法，查定水泥、砂子、石灰的消耗定额，可分别计算各自的需用量，并可以此作为编制材料需用计划的依据。

（2）材料消耗定额是确定工程材料造价的重要依据

材料造价是工程造价的主要组成内容。根据设计规定的施工标准和工程量，依据材料消耗定额，计算出各种材料需用数量，再根据材料预算价格计算出材料金额。当一个工程全部材料金额的累计与相关费用合计后，即工程材料造价。例如上例中，假设该项操作项目中所需砖的全部用量为 51000 块，按某年度某地区预算价格为 0.18 元/块计算，该操作中砖的预计耗用金额为 51000×0.18＝9180 元。依此方法，可计算出该项操作项目中其他材料的预计耗用金额，进而可预计出整个工程中材料的造价。

（3）材料消耗定额是进行成本核算和经济活动分析的标准

材料管理工作既包括材料采购供应，又包括材料使用和节约。有了材料消耗定额，就能按照施工生产进度计算材料需用量，组织材料采购供应，并按材料消耗定额检查、考核，做到合理使用。以材料消耗定额为标准，可以计算、分析和比较出材料计划消耗与实际消耗的差异，通过分析差异产生的原因，总结推广经验，纠正存在的问题，为提高经济效益和生产效率打下基础。

仍以上例为例，当砖的计划需用量为 51000 块，若操作项目完成并验收通过后，统计得到的实际消耗量为 51200 块，则可以得出该操作过程中砖超量使用的结论。根据追溯施工中具体情况，分析超量原因，进而确定处理或调整的措施。

（4）材料消耗定额是提高基础管理水平的重要元素

材料消耗定额是制定合理的经济责任标准和绩效指标的基本依据。无论是投标中的材料报价，还是实行按预算造价包干，都必须以材料消耗定额为主要依据确定量化指标。随着生产技术的进步和管理水平的提高，必须定期修订材料消耗定额，使它保持在先进合理的水平上。较好的材料消耗定额，有利于提高管理水平和经济效益，有利于推进增产节约活动，有利于组织材料的供需平衡。

2. 材料消耗定额的种类

根据材料消耗定额的用途、材料类别和应用范围不同，材料消耗定额分为以下几类。

（1）按照材料消耗定额的用途不同，可分为材料消耗概（预）算定额、材料消耗施工定额和材料消耗估算定额。

1）材料消耗概（预）算定额

材料消耗概（预）算定额是工程概（预）算定额的组成内容，与劳动定额、机械台班定额共同组成建筑工程概（预）算定额。其是按照分部分项工程编制的材料消耗定额，一般用于编制设计概（预）算和投资估算。有些地区为了适应工程招投标和工程建设过程中的成本控制需求，分别编制了材料消耗预算定额和材料消耗概算定额，二者的编制原理基本相同，只在操作项目划分的粗细程度和具体计算规则上有所区别，以适应参与工程建设各方不同的管理需要。

材料消耗概（预）算定额，通常由各省市建设主管部门，按照一定时期内执行的标准设计或典型设计，按照建筑安装工程施工及验收规范、质量评定标准、安全操作规程、环保要求及其他社会管理规定，依据当地社会劳动力消耗的平均水平、施工组织设计和施工条件编制。

材料消耗概（预）算定额，是编制建筑安装施工图预算的法定依据，是进行工程材料结算、计算工程造价的依据，是计取各项费用的基本标准。因此材料消耗概（预）算定额，不仅以实物形态表现，还以价值形态表现，既要有材料的实物消耗量，又要体现材料的价值消耗金额。

2）材料消耗施工定额

通常是由施工企业自行编制的材料消耗定额。它是根据本企业现有条件下可能达到的技术水平和工艺操作方法而确定的材料消耗标准。材料消耗施工定额反映了企业管理水平、工艺水平和技术水平。材料消耗施工定额是材料消耗定额中项目划分最细的定额，它不仅按分部分项工程编制，而且具体细化到分部分项工程中每一个操作项目所需材料的品种、规格及数量。

材料消耗施工定额的耗用水平，通常低于材料消耗概（预）算定额，即同一操作项目中同一种材料的消耗，施工定额中的消耗数量应低于概算定额中的消耗用量。

材料消耗施工定额是建设项目施工现场编制材料需用计划、组织限额领料的依据，是企业内部经济核算、进行经济活动分析的基础，是材料部门进行"两算对比"的依据，是企业内部绩效考核的标准。

3）材料消耗估算定额

也称材料估算指标，是在材料消耗概（预）算定额的基础上，以扩大的工程部位划分或以综合计量单位表示的材料消耗定额。通常它是在施工技术资料不齐、有较多不确定因素条件下，用于估算某项工程、某类工程或某个部门的建筑工程主要材料的需用数量。

材料消耗估算指标是非技术定额，不能用于指导施工生产，但可用于审核综合材料计划，考核群体工程材料消耗水平；同时它是编制项目初步概算、控制经济指标的依据，是编制年度材料计划和备料计划的依据，是匡算主要材料需用量的依据。材料消耗估算指标，因使用方法不同和资料来源不同，常用的有以下两种表现形式。

第一种是依据已完成的建筑安装工程价值量和材料消耗量的历史统计资料测算的材料消耗估算指标。其计算方法是：

$$\text{万元工作量材料消耗估算定额} = \frac{\text{某时期某类材料消耗总量（实物计量单位）}}{\text{同期完成建筑安装工程价值量（万元）}}$$

这种估算指标属经验指标，故也称为经验定额。其指标量的大小与一定时期内的工程特点、地区性的经济政策、材料资源情况、价格因素等有关。因此，使用这一定额时，要结合工程项目的有关情况进行分析，适当予以调整。

第二种是根据已完成的建筑施工面积和完成该建筑面积所消耗的某类材料数量来测算的材料消耗估算指标，其计算方法是：

$$\text{每 m}^2\text{ 面积材料消耗估算定额} = \frac{\text{某类工程某种材料消耗总量（实物计量单位）}}{\text{该工程建筑面积（m}^2\text{）}}$$

该种指标受不同工程结构类型的影响，通常需要按不同类型不同结构的工程分类，以竣工后主要材料消耗数量统计资料平均计算而得。这种定额虽然不受价格因素影响，但是受设计方案中选用材料的品种不同和其他因素影响，使用时也应根据实际情况进行适当调整。

以某企业 2010 年至 2014 年完成的工程价值量及其主要材料消耗量为例，万元工作量材料消耗情况见表 1-1 所列。

万元工作量材料消耗量

表 1-1

年度	完成建筑安装工程价值量（万元）	钢材消耗		水泥消耗	
		消耗量（t）	kg/万元	消耗量（t）	kg/万元
2010	136080	124004	911.26	119767	880.12
2011	143570	158023	1100.67	110022	766.33
2012	165120	158568	960.32	150603	912.08
2013	105310	92693	880.19	79296	752.98
2014	147400	150447	1020.67	122248	829.36

以某企业某年度建造不同结构类型的工程和其主要材料消耗情况为例，每 m^2 建筑面积材料消耗量见表 1-2 所列。

每 m^2 建筑面积材料消耗量

表 1-2

结构类型	建筑面积（m^2）	钢材消耗		水泥消耗	
		消耗量（t）	kg/m^2	消耗量（t）	kg/m^2
框剪 28 层	39760	3628	91.26	3504	88.13
框剪＋局部钢结构	164560	29731	180.67	12561	76.33
框架厂房	15620	1505	96.35	1423	91.10
混合结构多功能房	5380	366	68.03	301	55.95

（2）按照材料消耗定额中材料类别不同，可以分为主要材料消耗定额、辅助材料消耗定额和周转材料消耗定额。

1）主要材料消耗定额

是指构成工程的主要实体、通常一次性消耗且价值量相对较高的材料，例如钢材、水泥、混凝土等。其消耗定额一般按材料品种分别确定，消耗定额中包括建筑施工中进入工程实体的净用量及合理损耗量。

2）辅助材料消耗定额

其特点是使用量较少，部分材料可多次使用或不直接构成工程实体。因此辅助材料消耗定额需要根据不同材料的不同特点而分别制定，通常采用以下几种方法：

第一，按分部分项工程实物工程量，计算辅助材料实物量消耗定额，如 kg/m^2。

第二，按完成建安工作量或建筑面积计算辅助材料货币消耗金额定额，如元/万元或元/m^2。

第三，按操作工人每日消耗辅助材料数量计算辅助材料消耗金额定额，如元/（工·日）。

3）周转材料消耗定额

周转材料的消耗过程比主要材料复杂。它往往是多次使用且通常都不构成工程实体，在使用过程中基本保持其原有形态，而渐渐损耗，直到最终丧失使用价值。因此周转材料每一次使用都产生一定的损耗，其消耗定额的一般表示方法为：

$$周转材料消耗定额＝\frac{单位实物工程量需用周转材料数量（金额）}{周转次数}$$

（3）按材料消耗定额所适用的范围不同划分，分为建材产品生产用材料消耗定额、施工生产用材料消耗定额和维修用材料消耗定额。

1）建材产品生产用材料消耗定额

是指建筑企业所属工业生产企业如构件厂、金属制品加工厂、木器加工厂等生产产品时所消耗材料的数量标准。由于其技术条件、操作方法和生产环境类似于工业企业，因此可参照工业企业生产规律，根据不同的产品按其材料消耗构成拟定材料消耗定额。

2）施工生产用材料消耗定额

是建筑企业施工的专用定额，是根据建筑施工特点，结合当前建筑施工常用技术方法、操作方法和生产条件确定的材料消耗数量标准。常用的有材料消耗概（预）算定额、材料消耗施工定额、材料消耗估算定额。

3）维修用材料消耗定额

维修用料与建材制品生产用料和施工生产用料不同，它往往用量零星，品种分散，没有固定的、具体的产品数量。因此，必须根据维修的不同内容和特点制定，通常以一定时期的维修工作量所耗用的材料数量作为消耗标准。

3. 施工现场使用材料消耗定额应注意的问题

施工现场工作中，经常会遇到图纸所示内容与定额子目所列内容存在差异的情况，只有按规则处理差异，才能在严格执行设计和规范要求的前提下正确使用定额。一般应注意以下三方面的内容：

（1）正确处理设计要求与定额条件之间的差异

设计要求与材料消耗定额存在一定差异时，必须在满足设计要求的前提下，根据定额换算规则对材料消耗进行调整。例如在工程设计中对混凝土和砌筑砂浆的强度等级要求，对砂浆的配合比要求，对墙面和地面的厚度要求，冬期混凝土施工需提高混凝土早期强度等，与实际施工时都难免存在一定差异。所以在执行定额中，要根据设计要求，对照技术标准，采用相应的定额项目，必要时按规则进行换算调整。

（2）正确处理现场材料规格质量与定额标准规格质量间的差异

材料相同，质量规格不同，材料的定额用量也不同。如使用不同强度等级的水泥其用量不同；砂石级配变化，材料消耗数量也有变化。因此，根据使用材料的品种规格和质量，才能最终确定相应的材料消耗定额用量。

（3）正确处理工艺要求与定额要求间的差异

不同的操作工艺对材料消耗有着重大影响。例如抹灰工程中手工抹灰与机喷粉刷的消耗水平不同；混凝土现浇和预制构件的材料消耗不同；计量单位以延长米计量和以 m^2 或 m^3 体积计量，材料消耗数量也有差异；钢筋连接中的搭接、焊接机械连接等工艺不同，材料消耗定额也不同。因此根据工艺选择相应定额，是材料消耗定额能够正确使用的前提条件之一。

在使用材料消耗定额时，应根据工程项目，查找相应的定额分部，对照三个因素，查找或换算最适用的材料消耗定额子目。

4. 材料消耗定额的制定

制定材料消耗定额的目的是在保证施工生产需要的前提下降低消耗，为产品制造过程提供一个可对比和参考的标准，为提高企业经营管理水平，取得最佳经济效益打下良好基础。

（1）制定材料消耗定额的原则

1）群专结合的原则

材料消耗定额的制定是一项综合性很强的工作。影响材料消耗定额的因素很多，涉及企业生产的全过程和各个部门，所以又是一项群众性工作。生产操作人员最了解生产和材料消耗规律，材料消耗定额还要依靠他们贯彻执行。因此，必须贯彻群众路线，以众多的操作人员消耗状况为最根本依据。但材料消耗定额又是一门科学，定额制定必须依靠专业技术人员的综合管理智慧。企业各有关方面的专业人员，具有长期实践经验，积累了有关定额的资料，在掌握材料消耗规律基础上总结和提炼出具有规律性的因素，为定额制定提供了可靠的数据，准备了制定定额的基本条件。因此，定额的制定必须贯彻群体操作人员与专业技术人员相结合的原则。

2）损耗水平适当的原则

制定材料消耗定额是为了实现材料的合理使用，以获得较好的经济效果，因此材料消耗定额必须保持一定的先进性和合理性。由于一定时期内建筑产品的质量标准和工艺标准相对稳定，因此构成定额先进性和合理性的因素，往往并不是构成工程实体的净用量，合理操作损耗量和合理非操作损耗量才是影响定额水平高低的关键因素。因此在材料消耗定额的构成内容中，通常以损耗量的确定作为制定定额的重要内容。当然随着建筑产品质量要求和工艺标准的提高，净用量也将随之调整。许多地区的概（预）算定额是以平均水平出现的，即本地区多数企业均能达到的基本水平。而施工定额则通常表现为平均先进水平，即在当前的技术水平、装备条件及管理水平的状况下，优于大多数平均值的水平，以体现企业的技术管理优势。保持适当的先进性，有利于推动建筑行业的技术进步和综合管理水平的提高。

3）综合经济效益的原则

制定材料消耗定额，必须考虑综合经济效益。要从满足设计要求，实施技术工艺，操作过程合理和完成各项经济指标出发，不能单纯强调节约材料而忽视技术上的可行性和操作人员的适应程度等其他因素。降低材料消耗，应在保证工程质量，提高劳动生产率、改善劳动条件的前提下进行。综合经济效益，就是优质、高产与低耗相统一。

（2）制定材料消耗定额的要求

1）定质

即对建筑产品所需的材料品种、规格、质量作正确的选择，达到技术上可靠、经济上合理和采购供应上的可能。具体考虑的因素和要求是：品种、规格和质量均符合工程（产品）的技术设计要求；有良好的工艺性能、便于操作，有利于提高工效；尽量采用通用、标准产品，减少稀缺昂贵材料。

2）定量

定量的关键在损耗量。消耗定额中的量，一般是相对不变或相对稳定的量。定额的先进性主要反映在损耗量的合理确定上，即如何科学、正确、合理地计算损耗量，是制定消耗定额的关键。

在材料消耗过程中，总会产生损耗和废品。其中有部分属于受当前生产管理水平所限而公认为不可避免的，应作为合理损耗计入定额。另一部分在现有条件下可以避免的，应作为浪费而不计入定额。究竟哪些合理、哪些不合理，可采取群专结合、现场测试等方式，才能正确判断和划分。

（3）制定材料消耗定额的方法

制定材料消耗定额常用的方法有技术分析法、标准试验法、统计分析法、经验估算法和现场测定法。

1）技术分析法

即根据施工图纸、技术资料和施工工艺标准，确定选用材料的品种、规格并计算出需用材料的净用量，分析施工操作中及操作外（采购、运输、储备等）可能的、合理的损耗量，合并而成为材料消耗定额。这是一种先进、科学的制定方法，因占有足够的技术资料作依据而得到普遍采用。

2）标准试验法

通常是在试验室内利用专门仪器、设备进行测试而得到的材料消耗标准。通过试验，求得完成单位工程量或生产单位产品消耗的材料数量，再按试验条件修正，制定出材料消耗定额。如混凝土、砂浆的材料消耗定额，通过实验室确定配合比，作为确定材料消耗定额的主要依据。

3）统计分析法

即按某分项工程实际材料消耗量与相应完成的实物工程量统计的数量，求出平均消耗量，分析剔除统计中可能出现的干扰因素，考虑制定定额时期的变化条件适当调整后，确定的材料消耗定额。

采用统计分析法时，为确保定额的先进水平，通常按以往实际消耗的平均先进数量作为定额。求平均先进数量，是从同类型结构工程的 10 个单位工程消耗量中扣除上、下各 2 个最低值和最高值后，取中间 6 个消耗量的平均值。或者综合一定时期内比平均数先进的各个消耗值求得平均值，这个新的平均值即平均先进数量。

4）经验估算法

根据有关制定定额的业务人员、操作者、技术人员的经验或已有资料，通过估算来制定材料消耗定额的方法。估算法具有实践性强、简便易行、制定迅速的优点；缺点是缺乏科学计算依据，因人而异，准确性相对较差。

经验估算法常用于急需临时估算一个数量，或无统计资料，或虽有消耗量但不易计算（如某些辅助材料、工具、低值易耗品等）的情况。此法亦称"估工估料"，应用也比较普遍。

5）现场测定法

组织有经验的施工人员、操作人员、业务人员，在现场实际操作某项产品，对操作中的材料消耗进行实地观察、测定和写实记录，作为制定定额的依据。

显然，此法受被测对象中操作人员的技术素质影响较大。因此，首先要求所选单项工程对象具有普遍性和代表性，其次要求参测人员的技术操作符合可应用性。

现场测定法的优点是目睹现实、真实可靠、易发现问题、利于消除不合理因素，可提供较为可靠的数据和资料。但工作量大，在具体施工操作中实测较难，也不可避免地会受到工艺技术条件、施工环境因素和参测人员水平的限制。

综上所述，在制定材料消耗定额时，根据具体条件常采用一种方法为主，并通过必要的实测、分析、研究与计算，制定出具有可行性的材料消耗定额。

5. 材料消耗定额的补充

现场施工过程中如果遇到的材料品种没有材料消耗定额，或者是虽有该种材料的消耗定额，但施工工艺有了很大变化，原定额可参考的依据不足；或者是材料性能、品种及规格有重大变化，使原定额的使用依据出现重大调整，都需要依据实际进行补充。

目前各地区的建设行政主管部门都颁布了在本地区通行的材料消耗定额，作为社会平均消耗量的计算准则。各企业根据自身的技术水平和生产能力，还必须制定适于企业的材料消耗定额，即企业内部定额。

材料消耗定额很难一概而全，特别是针对新材料、新工艺的定额，往往受种种因素的限制，并不一定全部计入定额；也有的内容可能在制定时遗漏了；有的项目可能随着技术工艺的不断进步而产生，需要不断地补充。因此各执行定额的企业、专业组织和行业主管部门，都有责任收集资料，提出问题和建议，及时拟定补充定额，经定额主管部门批准后执行。

补充材料消耗定额，要遵循以下几点原则：

（1）降低消耗的原则

加强材料消耗定额管理的目的，就是为了提高经济效益，降低消耗，所以补充材料消耗定额时，要以降低消耗为目标，推动技术进步和材料的合理使用。

（2）实事求是的原则

补充材料消耗定额，应考虑客观实际，根据大多数企业可能达到或经常努力能够达到的水平，不盲目追求定额本身的先进，而应与其他环节相配合。

（3）先进性原则

为了充分发挥和调动生产工人合理使用材料的积极性，补充材料消耗定额时，把更新落后的施工方法和管理手段作为重要内容。

（4）确保工程质量的原则

确保工程质量实际上是最大的节约，质量低劣的产品是最大的浪费，所谓节约是在保证工程质量前提下的节约。制定定额一定要依据质量标准、建筑工程施工及验收规范和操作规程，不能片面追求降低材料消耗，忽视工程质量，而引起质量事故。

（三）材料消耗预算定额及其应用

材料消耗预算定额，通常是由地方建设主管部门或业务协作组织，根据国家建设工程预算定额原则，结合本地区的技术水平、生产工艺、材料价格、劳动力水平而制定的一种地区性定额，是地区性的预计建筑工程材料需用量的定额，一般与劳动定额、机械设备定额合并编制在建筑工程概（预）算定额内。

1. 材料消耗预算定额的组成内容

材料消耗预算定额中，包括了净用量、合理操作损耗量、合理非操作损耗量，它涵盖了建筑施工企业从事施工生产消耗材料的全部内容，编制中通常按分项工程划分。

（1）净用量

是指直接构成工程实体的材料用量。净用量既是材料消耗量中的主要部分，又是材料消耗定额的主要内容。

（2）合理的工艺损耗量

又称操作损耗定额。是指在工程施工操作中或产品生产操作过程中不可避免的、不可回收的损耗量，该数量随着操作技术和施工工艺的提高而降低。

（3）合理的非工艺损耗量

又称管理损耗定额。是指在材料的采购、供应、运输、储备等非生产操作过程中出现的，不可避免的、不可回收的合理损耗量。这部分损耗随着材料流通技术水平的发展和装载储存水平的提高而降低。

在施工中，未构成工程实体而又被消耗的部分称为损耗。材料的损耗有两种：操作损耗和非操作损耗。它们的出现可分为两种情况：

第一，在目前的施工技术、生产工艺、管理设施、运输设备、操作工具等条件下不可避免的损耗，如桶底剩灰，砂浆散落，水泥遗撒，酸液挥发等。

第二，在上述条件下可以避免、可以减少的情况下而没有避免，或者超过了不可避免的损耗量，如散落较多混凝土而没有回收；不合理下料造成端料过长；保管不善造成材料丢失或损失超量等。因此，制定材料消耗定额时必须对那些不可避免的、不可回收的合理损耗部分，在定额中予以考虑，而那些本可以避免或者可以再利用回收而没有避免、没有利用回收的超量损耗，不能作为损耗标准计入定额。材料消耗预算定额的构成包括以下内容：

材料消耗预算定额＝净用量＋合理工艺损耗量＋合理非工艺损耗量

材料消耗与材料消耗定额是两个既有联系又有区别的概念。两者共同包含了进入工程实体的有效消耗量（净用量）和损耗量，但材料消耗定额剔除了不合理的材料损耗量，因而成为材料消耗的标准。

2. 材料消耗预算定额的应用

材料消耗概（预）算定额，是编制建筑安装施工图预算的法定依据，是进行工程材料结算、计算工程造价的依据，是计取各项费用的基本标准，是进行"两算对比"的依据。

（1）编制施工图预算

施工图预算，也称设计预算。是根据施工图纸所示的内容，以材料消耗预算定额为依据，同时考虑施工企业自己的技术能力、操作人员施工水平和环境气候等因素而预先测算的材料消耗量和材料消耗价值。

编制施工图预算的主要步骤包括：

1）识读施工图纸，计算出为完成图纸所示工程内容而需要完成的分项工程具体操作项目及其数量，即预计工程量。

2）按照国家、行业及地方技术规范、安全管理及环境保护等相关要求，查找每个操作项目的材料消耗定额。若施工图纸所示内容与定额列示项目在尺寸、规格、工艺上存在差异，应进行换算或制定补充定额或列为暂估状态。

3）按以下公式分别计算材料预计消耗数量。

4）依据当地政府指导价、市场询价、企业内部定价确定材料预算价格，并依此计算材料费。

5）累计全部材料费，作为预计工程造价的基础内容。

示例：

工程名称：某宿舍楼装修工程（部分）

工程内容：工程项目及工程量见表 1-3 所示。

某宿舍楼装修工程（部分）项目及工程量表　　　　　　　表 1-3

工程内容	C10 混凝土垫层	水泥地面不分格	1∶3 聚氨酯涂层 2mm 厚	台阶 C10 混凝土	室内小型砌砖	豆石混凝土楼面 35mm 厚	豆石混凝土找平	多角柱抹水泥	混凝土水池安装	混凝土污水池安装
单位	m³	m²	m²	m³	m³	m³	m³	m²	个	个
工程量	13.67	276.3	18.94	0.73	0.03	46.22	0.04	119.3	34	34

根据图纸设计方案计算材料需用数量及工程造价。

① 按表中工程项目查出相应的材料消耗定额，见表 1-4 所示数字中的分子数量。

工程用料分析　　　　　　　表 1-4

工程项目	单位	工程量	水泥 kg	砂子 kg	石灰 kg	豆石 kg	聚氨酯 kg	涂料 kg	砌块 块
C10 混凝土垫层	m³	13.67	1.98 / 2707	777 / 10622		1360 / 18591			
水泥地面不分格	m²	276.3	107 / 2956	331 / 9146					
1∶3 聚氨酯涂层 2mm 厚	m²	18.94					0.182 / 3	2.661 / 50	
台阶 C10 混凝土	m³	0.73	198 / 145	777 / 567		1360 / 993			
室内小型砌砖	m³	0.03	45.12 / 1	409 / 12	12.24 / 0.37				0.34 / 0.443
豆石混凝土楼面 35mm 厚	m³	46.22	406 / 18765	694 / 32077		1131 / 52275			
豆石混凝土找平	m³	0.04	406 / 16	694 / 28		1131 / 45			
多角柱抹水泥	m²	119.3	76 / 907	293 / 3495					
混凝土水池安装	个	34	2.74 / 93	42 / 1440	1.28 / 44				0.048 / 1.6
混凝土污水池安装	个	34	15.6 / 530	47 / 1598		34 / 1156			
合计			26120	58985	44	73060	3	50	2

（一）根据查到的定额计算材料需用量，即进行用料分析。

表中单元格内分子数为根据材料消耗定额所查的单位工程量该材料消耗量。分母部分为：

② 计算出的相应工程量的材料需用量。

材料需用量的计算方法是：

材料需用量＝工程量×材料消耗定额

其中：13.67m³"C10 混凝土垫层"材料需用量的计算如下：

水泥需用量＝13.67m³×198kg/m³＝2707kg

砂子需用量＝13.67m³×777kg/m³＝10622kg

石子需用量＝13.67m³×1360kg/m³＝18591kg

③ 将上述计算结果填入工程用料分析表中斜线分母位置。

④ 将斜线中分母数量累计，汇总分项工程材料需用量，得到该装修工程（部分）材料需用量小计（表 1-5）。

材料需用量汇总表　　　表 1-5

材料名称	水泥	水泥	砂子	石灰	豆石	聚氯酯	聚氨酯涂料	砌块
规格	P·S32.5	P·S42.5	0.5～0.75					240×115
单位	t	t	t	kg	t	kg	kg	块
数量	23	29	60	44	73	3	50	2

⑤ 根据建设主管部门颁布的预算价格或企业材料计划价格，计算材料需用金额，从而确定该装修工程材料费预算成本，并依此作为投标、结算的依据之一。

（2）实施"两算对比"

"两算"是指施工预算与施工图预算。将上述两种预算编制的工程费用和材料实物量进行对比，即"两算对比"。材料管理中的"两算对比"，是指按照设计图纸和材料消耗概（预）算定额计算的施工图预算材料需用量，与按照施工操作工法和材料消耗施工定额计算的施工预算材料需用量之间的对比。

施工预算与施工图预算的对比，是施工现场生产管理和经济管理中非常有效的管控方法。

实施"两算对比"，首先是可以做到先算后干、边算边干，减少施工中材料消耗的盲目性，增强成本的预控能力。其次通过"两算"对比，可以相互校验，减少预算中的计算错误和漏项，有利于工程资料的完整性，便于工程结算。最后通过对比"两算"之间的差异，能够更清晰地观察和分析"非操作损耗量"的水平及其合理性，进而提出改进措施。

【示例 1-2】某工程直接费和主要材料"两算对比"见表 1-6 和表 1-7 所示。

现场直接费"两算"对比汇总表（万元）　　　表 1-6

序号	费用名称	调整后的施工图预算	施工预算	"两算"对比	
				降低额	降低率（%）
1	人工费	706.56	778.32	−71.76	−10.16
2	材料费	5765.70	5535.10	230.60	4.46
3	其中：模板费	158.98	154.21	4.77	3.00
4	架料费	117.50	111.60	5.90	5.02
5	机械费	441.60	432.77	8.83	2.00
	合计	6913.86	6746.19	167.67	2.43

表 1-6 中的数据表明，该工程直接费"两算对比"的综合结果为施工预算低于施工图预算 2.43%，预计为 167.67 万元。其中降低率最高的是架料费，降低额度最大的为材料费，达 230.60 万元。但人工费超支率达 10.16%，且超支额达到 71.76 万元。由此分析可进行如下工作安排：

1）该工程在安排各项工作时，可依据表 1-6 所列之费用管理的重要程度，由人工费和材料费而依次展开。

2）针对人工费可能出现的"两算"对比差异，分析差异的原因，若为市场价格与实际价格差，可要求人力资源部门一方面对人工费用的构成、人员数量的配备、支付频率、结算程序等进行细化安排；另一个方面可寻求全面合作的劳务合作伙伴，制定可降低成本的计划措施，尽量缩小"两算"对比间的差异，降低人工费超支的风险。

仔细核实施工人员的技术水平，提高用人效率，通过工期奖、节约奖等方式，减少工时用量，提高单位工时效率。做好人员调剂，平衡各施工部位的进度，以期减少人员忙闲不均。

按施工部位列出用工明细，分析可减少用工的环节和措施。严格零散用工的审批，严格审批加班工时，质量管控到位减少返工。采取分解用工超支的指标，制定减少超支的管理措施和奖励措施。加强实施过程的检查，降低人工费用超支水平。

3）降低材料成本是实现工程盈利的重要渠道，但因材料品种规格多，使用分散不易管理，效益流失渠道也多。为确保上述"两算"对比差异的实现，甚至进一步加大降低比例，材料部门应制定严密的材料采购、保管、发放和使用管理制度，严格审批材料需要计划，认真执行限额领料，做好余料回收和端头短料的回收再利用。制定废旧物资处理办法，坚持按标准确认废旧物资，严格审批程序，处理收益按规定冲抵成本。

4）模板费和架料费虽然总体降低额度不大，但如果控制措施不到位，"两算"对比的差异收益容易流失。必须坚持制定周转材料的管理办法，严格按规定行事，控制好易出问题的环节，对易丢失、易损耗等造成成本增加的环节，制定措施并落实到位。

上述且不限于上述管理建议，可纳入该工程及各部门、各业务系统的考核范围，以确保管控到位而保证"两算"对比目标的实现（表1-7）。

现场主要材料"两算"对比汇总表　　　　　　　　　　表1-7

序号	材料名称	单位	数量		"量算"对比		备注
			施工图预算	施工预算	节约（＋）超支（－）	节约率（＋）%超支率（－）	
1	钢材	t	87.12	84.53	2.59	2.97	
2	水泥	t	880	862	18	2.27	
3	混凝土	m³	56780	56700	80	0.14	
	其中：水泥	t	4826	4608	218	4.52	
4	防水材料	m²	6530	6627	－97	－1.48	
5	墙体材料	m³	12300	11280	1020	9.08	
6	保温材料	m²	8690	8690	0	0.00	
7	模板费	元	15898	15421	477	3.00	
8	架料费	元	11750	11160	590	5.02	

表1-7中，细分了该工程主要材料"两算"对比的结果。总体看除防水材料外，其他各类材料的施工预算都低于施工图预算。由上述数据可关注下述事项：

1）与设计、监理和施工操作人员分别洽谈，确认防水材料施工预算超施工图预算的原因。若因设计变更、甲方单方面调整防水等级、建筑面积变化或功能变化，应分别向其提交书面建议或材料用量超预算通知书。虽然有些变更或调整不一定实现增加预算量，但也应指明增加或超耗的原因；若需要同时调整施工图预算甚至涉及调整报价等因素时，则应在实施中收集证据，为工程结算时综合平衡各阶段价格和费用水平提供资料。

2）混凝土"两算"对比差异量较小，现场应严格按图施工，重视模板工程质量，不出现跑模和支搭尺寸不准确；加强混凝土运输及泵送设备的维修保养，正确操作，减少混凝土浇筑时的损失。要求混凝土供应商严格保证混凝土质量，必要时施工单位应到供应商处检查原材料质量、配合比管控、外加剂使用、试验室管理等基础保障能力，严明质量问题及损失的承担。现场要加强同步试验的管理，确保质量符合要求。要特别注意水泥的选择和使用，必须保证水泥品种、生产厂家的质量稳定性。使用的水泥应严格检验，不得存在任何质量问题和缺陷。

3）保温材料应按照国家及各地方政府关于建筑节能管理的相关规定，不允许使用淘汰和限制使用的保温材料。如果需要现场实施部分保温工艺的操作，应确保操作环境符合技术要求。加强过程中的检查和部位的验收，减少返工浪费。过程中做好作业面上保温材料的看护与保管，不丢失、不挪用、不浪费。遇有需要切割和拼接的部位，应在符合技术工艺要求的前提下尽量采取综合下料和先布局后用料，减少材料损耗。

4）墙体材料应依据工程所在地要求，选择适用产品。按照当地关于采购使用的规定执行。墙体材料形体较小，容易散失、破损，堆放在现场容易发生错用和乱用，应采取措施或直接由操作班组管理或直接堆放在作业面。

模板费和架料费可参照上例中内容。

依列举的示例可见，"两算"对比可以计算施工图预算与施工预算的量差与价差，通过计算，做到先算后干、边算边干，严格按预算控制数量、质量，按预算量做好生产安排和管理，按预算量与操作班组进行考核和核算。同时，通过分析差异产生的原因，具体了解企业生产经营中各项因素对工程成本的影响，针对管理中存在的问题提出改进意见和建议，加强与其他专业系统的合作，最终促进企业经济效益的提高。

（四）材料消耗施工定额及其应用

材料消耗施工定额作为企业内部定额，是施工现场实行限额领料的依据，是进行分部分项工程材料核算和与专业承包队伍核算的依据。也可作为企业内部"两算对比"，进行内部材料核算的依据。

1. 材料消耗施工定额的组成内容

材料消耗施工定额既接近于预算定额，但又不同于预算定额。其相同之处在于它基本上采用预算定额的分部分项方法，不同之处在于它结合了本企业现有技术水平、工艺方法和劳动力技术技能，针对施工班组完成具体操作项目的应用，因而其包含的内容主要有以下两部分。

（1）净用量

与材料消耗预算定额组成内容中的净用量相同，是指直接构成工程实体的材料数量。对于同一种操作项目而言，材料消耗预算定额中的净用量和材料消耗施工定额中的净用量是完全相同的。

（2）合理工艺损耗量

是指在施工操作过程中损耗掉的、未进入工程实体的那部分材料中，以现有的施工工艺、施工器具及环境限制造成的不可避免、不可回收的材料数量。

与材料消耗预算定额不同的是，材料消耗施工定额不包含非工艺损耗的材料数量。即：

材料消耗施工定额＝净用量＋合理工艺损耗量

该定额仅针对操作过程的材料用量，并不涉及材料采购、运输等非施工生产过程的材料消耗。因此，其使用的范围与材料消耗预算定额完全不同。

2. 材料消耗施工定额的应用

（1）材料消耗施工定额是实行限额领料的主要依据

限额领料，也称定额用料。是指施工队组在施工时，必须将材料的消耗数量控制在该操作项目的消耗定额之内。限额领料是施工现场控制材料消耗的有效方法之一。

【示例1-3】某工程项目要求，使用M5水泥砂浆砌1.5砖墙体140m³，计算该操作项目材料需用量，并依此作为限额领料的依据。

解：①查定额：根据定额编号5-9（表1-8）得

每m³砌体需用M5水泥砂浆0.26m³，普通砖510块。

五-1 砌 砖 表1-8

综合定额编号	工程项目	单位	单位价值（元）	其中（元）		概算定额（工日）	砖（块）	M5混合砂浆（m³）	加气块（m³）	其他材料（元）	M2.5混合砂浆		M7.5混合砂浆		M10混合砂浆	
				人工费	材料费						单位价值	材料费	单位价值	材料费	单位价值	材料费
5-9	墙体砌砖双混1砖以上	m³	97.39	7.92	89.47	1.329	510	0.260		0.18	95.22	87.30	99.02	91.10	100.67	92.75
5-10	弧形砖墙	m³	98.61	9.14	89.47	1.534	510	0.260		0.18	96.44	87.30	100.24	91.10	101.89	92.75
5-11	贴砌砖墙1/4砖	m³	101.70	12.62	89.08	2.117	469	0.338		0.16	98.86	86.26	103.81	91.19	105.96	93.34

② 根据砌筑砂浆配合比（表1-9），求出0.26m³砂浆各种材料单方用量。

砌筑砂浆配合表（m³） 表1-9

项目 材料	单位	单价（元）	混合砂浆					水泥砂浆			勾缝水泥砂浆
			M10	M7.5	M5	M2.5	M1	M10	M7.5	M5	1:1
合价	元	—	81.42	75.07	68.81	60.46	53.12	85.91	77.55	69.11	155.81
水泥	kg	0.16	281	229	182	126	77	311	256	200	826
石灰	kg	0.0417	49	62	75	89	101				
砂子	kg	0.0217	1586	1652	1685	1686	1686	1666	1686	1710	1090

M5水泥砂浆需用：42.5强度水泥182kg/m³ 石灰75kg/m³ 砂子1685kg/m³

计算0.26m³砂浆中水泥、石灰、砂子需用量

水泥需用量＝182kg/m³×0.26m³＝47.32kg

石灰需用量＝75kg/m³×0.26m³＝19.50kg

砂子需用量＝1685kg/m³×0.26m³＝438.10kg

③ 计算 140m³ 砌体所需各种材料数量。

$$水泥需用量＝47.32kg×140m³＝6628kg$$
$$白灰需用量＝19.50kg×140m³＝2730kg$$
$$砂子需用量＝438.10kg×140m³＝61334kg$$

此数量作为对施工队组或专业承包队伍制定材料需用计划，材料部门对该项目实施限额用料的主要依据之一。

（2）材料消耗施工定额，是企业内部进行经济活动分析的依据

施工现场的经济活动分析，是指对现场一切涉及经济的活动，进行成本、费用、比例、节超情况、指标完成情况的分析，从中发现存在的问题，制定整改措施，从而实现持续改进。材料管理的经济活动至少包括材料的采购、供应、运输、储备、使用、回收和结算，而每一环节内部还可细分为更具体的环节或节点。对每一环节或节点的经济指标分析，将使分析人员和管理人员发现差异数量，进而分析差异原因，寻找管理缺陷，控制盲区和管理漏洞，从而做到发现问题，制定措施，持续改进。

材料消耗施工定额，是目前材料消耗定额中结构部位划分最具体，涉及材料品种规格最细致的定额，以材料消耗施工定额为依据计算的材料数量，能代表着经济活动最细分的数量标准。因此，材料消耗施工定额是任何经济活动分析不可缺少的依据和对比的标准。

（3）材料消耗施工定额是实施"两算对比"的依据

"两算对比"中的其中"一算"即施工预算，是根据施工定额计算的。没有施工定额计算得到的施工预算，就不可能对比设计意图与现场操作之间的差异，不可能分析现场操作可能出现的影响材料耗用的因素，不可能制定有效的防控措施，也不能起到校核施工图预算的作用。

"两算对比"是材料管理的基本手段。相对于施工图预算，施工预算会更多地考虑现场的环境条件，操作人员的工艺水平，上道工序的完成状况等时效因素，因而可以核对施工图预算中可能出现的偏差。当施工预算超过施工图预算时，应及时查找原因，采取措施。

施工预算，是施工现场编制材料需用计划的依据，是实行限额领料的依据，是施工现场进行成本核算的基础。

（4）材料消耗施工定额是施工现场进行材料（成本）核算的基础

材料核算，是通过材料管理业务的计划量与实际量之间对比，考核材料管理活动的效果。而材料消耗施工定额是材料消耗核算的对比依据，是判定材料消耗管理水平的标准。

核算材料消耗情况，主要是用材料的实际消耗量与定额消耗量进行对比，反映材料节约或超耗的情况。

$$某种材料节约（超耗）量＝某种材料定额耗用量－该项材料实际耗用量$$

上式计算结果为正数，则表示节约；计算结果为负数，则表示超耗；其计算结果表示节约或超耗的数量。

$$某种材料节约（超耗）率＝某种材料节约（超耗）量÷该种材料定额耗用量×100\%$$

计算结果是正数时，表示材料节约率；负数表示超耗率；其计算结果表示节约或超耗的水平。

【示例 1-4】某工程浇筑混凝土圈梁和砌筑墙体工程都消耗砂子，该操作项目的工程

量、砂子的消耗定额如下表（表1-10）所列。其材料消耗水平核算如下。

某项目工程量与消耗砂子定额表　　　　表 1-10

分部分项 工程名称	工程量 （m³）	消耗定额 （kg/m³）	限额用量 （t）	实际用量 （t）	节约（＋）量 超耗（－）量 （t）	节约（＋）率 超耗（－）率 （％）
M5 砂浆砌一砖半外墙	65.4	325	21.255	20.52	0.735	3.46
现浇 C20 混凝土圈梁	2.45	656	1.6072	1.702	−0.0952	−5.91
合　　计			26.8622	22.222	0.6398	2.8

从表 1-10 可以看出，该操作项目中，砂子的消耗整体节约 639.8kg，总体节约率达到 2.8％，但在具体操作过程中不同的施工部位或操作班组各有节约和超耗情况出现。在施工现场遇到这种情况时，应针对不同施工部位或操作班组，进行用料分析，查找原因，确认施工工艺、质量标准、上道工序、操作人员技术水平、施工时间等多因素，掌握最全面的影响材料消耗量的可能性，为今后的管理提出建议，为现任班组总结经验。

在现场施工中，还可能会出现不同的施工队伍间在生产管理、操作工艺上存在差异。如果有此情况，则应协调他们之间进行经验交流，取长补短，这样不仅可以控制材料消耗成本，而且可以帮助施工作业队伍技术水平的提高。

（五）材料消耗估算定额及其应用

材料消耗估算定额，也称为材料消耗估算指标，是在材料消耗预算定额基础上以扩大了的部位划分表示的一种定额。一般以整幢、成批建筑物为对象，用 m²、m³、（万元）产值为衡量单位，表明某建筑物 m² 建筑面积某种材料消耗量或每完成 1 万元产值某种材料消耗量。

1. 材料消耗估算定额的种类

材料消耗估算定额是以估计和匡算的方法，用以衡量一定时期内或一类建筑物消耗某种重要材料或主要材料的大致水平。它与材料消耗预算定额和材料消耗施工定额明显不同的是，因为只是"估计"和"匡算"的数量，因此，其数据适用性因地区和企业而不同，也无法细分其组成的内容。所以材料消耗估算定额也常常被称为"估算指标"和经验定额。其往往是根据大量过往的施工经验，考虑企业内外部多重影响因素而确定的一个数量区间。虽并不像材料消耗预算定额那样广泛适用，也不像材料消耗施工定额那样可以细分内容，但当做一些经济指标的测算，变化趋势的预测，规模比例的分析等事项时，材料消耗估算定额更具有综合适用性。

常用的材料消耗一般包括两种，一是以某个统计期内某个施工组织完成的全部建筑工程的价值量，与当期内某类材料的总消耗量，进行对比分析，消除特殊影响因素后确定的万元估算定额；二是以某类工程中某类材料的消耗总量，按所承建的建筑工程面积去衡量，均化部分特殊结构的影响后，确定的 m² 估算定额。

材料消耗估算定额一般是以企业历史统计资料为基础综合而成的，也可通过分析某类型工程的预算材料需用量，在考虑企业现有管理水平条件下，经过整理、分析而制定的一种经验定额。材料消耗估算指标的表现形式通常为：

$$材料消耗量/建安产值（万元）$$

$$材料消耗量/建筑面积（m^2）$$

因定额所包含的内容难以细分，所以不能用于指导施工生产，而只能用于施工现场编制材料初步概算或在图纸不全、技术措施尚未落实条件下，匡算主要材料需用量；也可用作编制年度计划和大型工程备料计划的依据。

2. 材料消耗估算定额的用途

材料消耗估算定额，因其无法细分组成内容，而且来源于施工现场的材料消耗统计数据，且统计数据中有许多不同施工现场的特殊情况或个性特征，只是以管理人员的经验进行分析后确定一个数量指标，因此，常把材料消耗估算定额当作经验积累和经验判断的依据，所以，也有经验定额的称呼。正因为此，材料消耗估算定额不能用于指导施工生产，不能用于编制材料的计划和确定材料采购、运输、储备等日常管理。但是，由于它概括了大量工程材料消耗的个性后会形成材料消耗数量与所建工程的比例规律，虽然显得不尽细致，但却可弥补图纸不全，或并不针对具体工作事项只做经济指标的预测和判断时，显得比材料消耗预算定额和材料消耗施工定额使用起来更综合、更便捷迅速、更具有通用性。

（1）编制材料初步概算及匡算主要材料需用量

当企业获得工程信息，而设计图纸并未完成，部分功能也未完全确定的情况下，需要测算或预计承接该工程可能需要耗费的材料数量时，材料消耗估算定额成为预测主要材料需用量、采购规模、资金周转的重要依据。当与建设单位初步洽接，相互双方洽商是否可实施 EPC、BOT、PPP 等不同合作模式时，施工企业需要对材料成本、费用及相应税金进行测算，材料消耗估算定额即成为必要的计算依据。估计或匡算的方法是：

$$预计（匡算）材料需用量＝万元估算定额×建设工程预计造价（万元）$$

$$预计（匡算）材料需用量＝m^2 估算定额×建设工程建筑面积（m^2）$$

【示例 1-5】某企业即将承接两个框架结构工程，其设计图纸尚未完成，但基本信息如下：

工程一：建筑面积 16266m²

　　　　层高：18 层

　　　　工程用途：住宅

工程二：建筑面积 10578m²

　　　　层高：12 层

　　　　工程用途：办公楼

试估算两个工程的主要材料需用量，进而测算工程材料总成本及费用水平。

解：

① 查找该企业曾经建设完成的框架结构工程的材料消耗统计资料，测算并得到 m² 经验定额。

设：找到往年企业曾承建的 7 个框架结构工程的材料消耗统计资料，其中钢材的耗用情况分析如表 1-11。根据表中所列资料得该企业已建成框架结构工程每 m² 建筑面积平均钢材常用量见表 1-11，从表中可以得到：

$$钢材估算定额＝77.38kg/m^2$$

框架结构工程钢材需用量分析表

表 1-11

材料名称、规格	12层办公楼 11178m²			14层业务楼 9181m²			14层办公楼 12994m²			25层调度楼 20726m²			8层培训楼 7200m²			8层营业楼 6100m²			8层物资楼 4169m²			综合分析 合计71548m²		
工程项目及层高 / 建筑面积 / 材料用量 / 单位	总用量 t	1m²用量 kg	规格 %	总用量 t	1m²用量 kg	规格 %	总用量 t	1m²用量 kg	规格 %	总用量 t	1m²用量 kg	规格 %	总用量 t	1m²用量 kg	规格 %	总用量 t	1m²用量 kg	规格 %	总用量 t	1m²用量 kg	规格 %	总用量 t	1m²用量 kg	规格 %
钢材	755.91	67.55		809.87	88.21		946.24	72.82		1862.8	89.88		437.84	60.81		490.94	80.48		232.98	55.88		5536.60	77.38	
其中：φ4～φ6冷拔丝	29.14	2.65	3.92	1.76	0.19	2.17	0.63	0.05	0.07	7.39	0.36	0.04	1.12	0.16	0.26	23.02	3.78	4.70	8.69	2.08	3.73	72.31	1.01	1.31
φ6.5～φ8线材	178.21	15.94	23.58	57.88	6.31	7.15	147.12	11.32	15.55	276.67	13.35	14.85	93.94	13.05	21.46	96.29	15.78	19.61	50.15	12.03	21.53	900.26	12.58	16.26
φ10～φ12圆钢	59.06	5.28	7.81	101.96	11.11	12.59	261.15	20.10	27.60	206.7	9.97	11.10	104.15	14.47	23.79	50.15	8.22	10.22	36.18	8.87	15.87	820.16	11.46	14.81
φ14以上圆钢	30.06	2.69	3.98	7.86	0.86	0.97	17.48	1.35	1.85	24.92	1.20	1.34	4.87	0.68	1.11	35.34	5.79	7.20	3.44	0.83	1.48	123.98	1.73	2.24
φ12～φ32螺纹	416.51	37.26	55.10	622.04	67.75	76.81	495.82	38.16	52.40	1228.33	59.27	65.94	232.48	32.29	53.10	253.32	41.52	51.6	130.63	31.33	56.07	3379.14	47.23	61.03
1～3mm薄板	0.30	0.03	0.04	0.79	0.09	0.10	1.72	0.13	0.18	2.69	0.13	0.14	0.13	0.02	0.03	0.66	0.11	0.13	0.31	0.08	0.13	6.47	0.10	0.12
4～12mm中板	10.95	0.98	1.45	8.08	0.88	0.88	17.74	1.37	1.88	30.37	1.47	1.63				15.72	2.58	3.20	0.66	0.16	0.28	83.66	1.17	1.51
14mm以上厚板	2.43	0.22	0.32							49.04	2.37	2.36										51.46	0.72	0.93
工槽钢	18.951	1.70	2.51	2.22	0.24	0.28				18.74	0.90	1.01				0.10	0.02	0.02				40.01	0.56	0.72
角钢	1.36	0.12	0.18	7.28	0.79	0.89	2.77	0.21	0.29	16.40	0.79	0.88	0.704	0.10	0.16	0.86	0.14	0.16	1.12	0.27	0.48	30.50	0.43	0.55
扁钢	3.54	0.32	0.47				0.52	0.04	0.05	0.93	0.05	0.05	0.43	0.06	0.10	11.47	1.88	2.34	0.58	0.14	0.25	17.46	0.24	0.32
钢管	0.90	0.08	0.12				1.28	0.10	0.14	0.65	0.03	0.04				3.97	0.65	0.81	0.41	0.10	0.17	11.21	0.157	0.21

考虑新建工程与已建工程的差异，其中办公楼将建两层地下车库，钢材需用量预计增加 3％，宿舍工程消耗水平基本不变。则：

$$材料（预计）需用量＝建筑面积×m^2\ 估算定额$$

依此：

工程一：钢材需用量＝$16266m^2×77.38kg/m^2$

$\qquad\qquad\qquad\ =1258663.08kg$

$\qquad\qquad\qquad\ =1258.66t$

工程二：钢材需用量＝$10578m^2×77.38kg/m^2×(1＋3％)$

$\qquad\qquad\qquad\ =843081kg$

$\qquad\qquad\qquad\ =843.08t$

合计两个工程钢材需用 2100.74t。

与上述方法同理，可先测算出混凝土、墙体材料、防水材料的需用量。再依据此类工程主要材料占据材料总成本的比例，推算工程材料成本和费用水平，作为洽谈初步合作意向的依据。

② 估算材料部门年度供应量及相关考核指标

材料部门的资金占用额度、周转水平及盈利能力，其经营规模是重要的影响因素，材料部门的机构编制、人员配备及相应的储备能力，必须与经营规模相配套。因此，施工现场需要根据拟供应材料的数量测算上述指标，以作为绩效考核、能力评价的重要依据。

$$材料消耗估算份额＝建设工程造价×万元估算定额$$

【示例 1-6】某建筑施工企业去年共计完成施工产值 55700 万元，全年消耗钢材 16713t，水泥 4584t。今年预计将承接施工任务 106700 万元，试测算钢材和水泥需用量，作为确定年度材料部门工作指标的依据。

由往年材料消耗统计可知：

$$钢材消耗量/万元产值＝\frac{16713}{55700}＝300.7kg/万元$$

$$水泥消耗量/万元产值＝\frac{4584}{55700}＝82.3kg/万元$$

若今年承接任务的结构类型与去年比较变化不大时，则今年钢材和水泥的匡算需用量为

$$钢材需用量＝106700×300.7＝32084690kg≈32085t$$

$$水泥需用量＝106700×82.3＝8781410kg≈8781t$$

依此作为匡算主要材料需用量，确定材料管理工作年度指标的依据。

二、材料计划管理

材料计划是一定时期内材料管理所应达到的预计目标。材料计划管理，就是实现材料管理目标所做的具体部署和安排。材料计划是施工现场材料部门的行动纲领，对组织材料资源，满足施工生产需要，提高经济效益起着十分重要的作用。施工现场材料计划应包括材料需用计划、材料采购计划、材料供应计划和材料储备计划。

（一）材料计划的种类及其作用

因施工现场对材料业务活动管理的角度不同，管理的目标及采取措施不同，需要设置不同的材料管理目标，这就形成了不同的材料计划。

1. 建立材料计划管理的新理念

市场经济体制的确立和发展，对企业生产的有计划运行提出了更高的要求。企业根据生产经营的规律，应具有较强的预测市场、预测需求能力，从而作到有计划地安排采购、供应、储备，以适应变化迅速的市场形势。因此在传统的计划管理中，应逐步纳入新的"计划"概念。

第一，确立材料供求平衡的概念。供求平衡是材料计划管理的首要目标。宏观上的供求平衡，使基本建设投资规模与社会资源条件相符合，才有材料市场的供求平衡，才可寻求企业内部的供求平衡。材料部门应积极组织资源，在供应计划上不留缺口，使企业完成施工生产任务有坚实的物质保证。

第二，确立指令性计划、指导性计划和市场调节相结合的概念。在计划管理体制中，指令性计划、指导性计划和市场调节相结合的局面已经形成，因此编制计划、执行计划均应在此认识指导下，才能使计划可行。

第三，确立多渠道、多层次筹措和开发资源实现计划平衡的观念。多渠道、少环节是我国物资管理体制改革的一贯方针。在企业自主经营，市场交易活跃的条件下，过去那种按行政隶属关系逐级申请的方式，已明显落后于经济体制改革的需要。因此，企业一方面应充分利用市场，占有市场，开发资源，满足计划需求；另一方面应狠抓企业管理，注意充分调动多层次、多方面的积极性，依靠技术进步，提高材料使用效率，降低材料消耗。

2. 材料计划的分类

材料计划的种类划分，通常是依据企业的材料管理体制而进行的；同时要根据材料计划与施工生产的衔接方式，并考虑不同材料的社会资源状况。

（1）按照材料的使用方向不同，材料计划可分为产品生产用材料计划、施工生产用材料计划、生产生活维修用材料计划。

1）产品生产用材料计划，是指施工企业所属工业企业，为完成建材及相关产品生产而编制的材料计划。如机械制造、建材制品加工、周转材料生产等。其所需材料的数量，一般是按生产的产品数量和该产品的消耗定额进行计算而确定的。

2）施工生产用材料计划，包括自身基建项目，也包括承建工程项目的材料计划。其材料计划的编制，通常应根据分工范围及承包协议，按照施工生产用材料消耗分析而编制。

3）维修用材料计划，是指企业为完成生产任务而产生的机械设备、生产设施及办公生活设施维修所需用材料而编制的计划。通常是以年度维修计划为依据而编制的。

（2）按照计划的用途分，材料计划有材料需用计划、供应计划、采购计划、加工订货计划和储备计划。

1）材料需用计划，一般是由最终使用材料的施工项目编制，是材料计划中最基本的计划，是编制其他计划的基本依据。材料需用计划应根据材料的不同使用方向，分单位工程，根据材料消耗定额，逐项计算需用材料的品种、规格、数量及质量要求汇总而成。

2）材料供应计划，是负责材料供应的部门，为完成材料供应任务，组织供需衔接的实施计划。除包括所供应材料的品种、规格、质量、数量、使用地点外，还应包括供应措施和供应时间。

3）材料采购计划，是企业为了获得各种资源而编制的计划。计划中应包括材料品种、规格、数量、质量，预计采购对象名称及需用资金。

4）材料加工订货计划，是项目或供应部门为获得加工制作的材料或产品资源而编制的计划。计划中应包括所需材料或产品的名称、规格、型号、质量及技术要求和交货时间等，其中若属非定型产品，应附有加工图纸、技术资料或提供样品。

5）材料储备计划，由于材料生产与需求之间在空间和时间上有距离，企业为保证施工生产的均衡进行，需对某些材料进行必要的储备，否则将延误施工或造成不必要的积压损失。

（3）按照计划的期限分，材料计划有年度计划、季度计划、月度计划、一次性用料计划及临时追加计划。

1）年度计划，指企业为保证全年生产经营任务所需用的主要材料计划。它是企业指导全年材料供应与规划管理活动的重要依据。年度材料计划，必须与年度生产经营任务密切结合。计划的准确程度，对全年生产经营的各项指标能否实现，有着密切关系。

2）季度计划，根据企业生产经营任务的落实情况，按照任务进度安排，以季度为期限而编制的材料计划。它是年度计划的调整，是具体组织订货、采购、供应，落实各种材料资源的依据，是本季度施工生产任务的保证。季度计划的材料品种、数量一般须与年度计划结合。有增减时，则要采取有效的措施。如果采取季度分月编制的方法，则需要具备可靠的依据。

3）月度计划，它是由材料的使用部门根据当月生产经营进度安排编制的材料计划。它比年度、季度计划更细致，要求内容更全面、及时和准确。施工生产的材料月度计划必须以单位工程为对象，按生产进度的实物工程量逐项分析计算汇总，明确使用部位、材料名称、规格型号、质量、数量等，因此它是供应部门组织配套供料，安排运输、收料、保管的具体行动计划，是材料采购供应管理活动的重要环节，对完成月度施工生产任务，有更直接的影响。凡列入月度计划的需用材料，都要逐项落实资源，如个别品种、规格有缺口，要采取措施进行平衡，保证按计划供应。

4）一次性计划，也叫单位工程材料计划，是根据承包合同或协议书，按规定时间要求完成的生产阶段，或完成某项生产任务期间所需材料的计划。这个"规定时间"或"某项生产任务"并不一定是日历计量中完整的月、季等，而是由完成此项任务一次性所需要的时间决定的。当这个任务是指一个单位工程时，这个计划也叫单位工程材料计划。

5）临时追加计划，由于设计修改或任务调整，由于原计划中材料品种、规格、数量有错漏，由于施工中采取临时技术措施，由于机械设备发生故障需及时修复等原因，需要采取临时措施解决的材料计划，即为临时追加计划。列入临时计划的一般是急用材料，应作为工作重点千方百计满足需要。如费用超支和材料超用，应查明原因，分清责任，办理签证，由责任方承担。

除上述分类外，企业还常常以计划的形式对某项材料管理工作进行预测和考核，并编制相应的计划。如材料节约计划，是计划期内企业对主要材料的节约预测。一般是以相对节约率表示，应包括管理措施和技术措施，它是考核和监督施工生产中材料节约工作的依据。对材料的回收、修理、成本、资金等管理工作都可编制计划，通过预测和实施结果的考核促进各项目标的实现。

3. 不同材料计划之间的相互关系

建筑施工企业常用的材料计划，以按照计划的用途和执行时间编制的年、季、月的材料需用计划、供应计划、加工订货计划和采购计划为最主要形式。在编制材料计划时，应遵循以下步骤：

（1）各工种项目及生产部门按照材料使用方向，分单位工程，做工程用料分析。根据计划期内完成的生产任务量计算本期内材料需用量，结合下一阶段生产中需提前加工准备的材料数量需要，汇总后编制材料需用计划。

（2）负责材料供应的部门，汇总各工种项目及生产部门提报的需用计划，结合供应部门现有资源，考虑企业周转储备，进行综合平衡后，确定对各工种项目及生产部门的供应品种、规格、数量及时间，并具体落实供应措施，形成材料供应计划。

（3）按照供应计划中所确定的采购措施，按专业分工分别编制采购计划。

（4）供应措施中要求加工订货的材料或产品，应与技术部门配合，取得该材料或产品的加工图纸、技术要求或产品样板，编制加工订货计划。

4. 影响材料计划的因素

材料计划的编制和执行中，常受到多种因素的制约，处理不当极易影响计划的编制质量和执行效果。影响因素主要来自企业内部和企业外部两方面。

企业内部影响因素，主要是企业内部的衔接环节薄弱造成的。如生产部门提供的生产计划，技术部门要求的技术措施和工艺方法，劳资部门下达的工作量指标，是否准确并及时传递给编制材料计划的部门，是材料计划是否可行的前提条件。同时，计划执行中是否经常检查计划执行的情况，发现问题并及时调整，也是提高材料计划质量的重要因素。计划期末时应对执行情况进行考核，为总结经验和编制下期计划提供依据。掌握气候变化信息，特别是对冬、雨季期间的施工技术处理、劳动力调配、变化调整等均应做出预计和考虑。为此，材料计划管理应重点抓住材料计划的编制、执行、检查、考核几个环节。

企业外部影响因素主要表现在材料市场变化因素及与施工生产相关的因素，如材料管理政策因素、市场资源状况、材料生产企业情况、自然气候因素等。材料部门只有及时了解和预测市场供求及变化情况，及时采取措施才能保证施工用料的相对稳定。同时作为材料部门应注意了解国家宏观政策的变化，了解各级政府、行业主管部门的各项政策措施，这对于准确把握市场变化，调整经营方向和策略具有重要意义。

编制材料计划时应实事求是，积极稳妥，不留缺口，使计划切实可行。材料计划执行中应严肃、认真，为达到计划目标打好基础。定期检查计划执行情况，提高计划制定水平和执行水平。考核材料计划完成情况及效果，可以有效地提高计划管理质量，增强计划的控制功能。

（二）材料需用计划

材料需用计划，是施工现场材料管理活动的起源，是为满足施工生产需要，完成生产目标的保障性计划，其特征是专业技术性强，受非生产因素影响少。施工现场材料需用计划应由材料部门发起，协调、汇集生产、技术、造价及财务等专业系统的要求和信息进行编制。

1. 材料需用计划的编制

材料需用计划编制是否准确，影响着其他后续计划的准确程度和可实施性。材料需用计划受时间因素影响度较大，月度需用计划须紧密围绕施工生产，按照工程的进度、部位、专业搭接等要求，需要准确的对接和衔接。而季度需用计划，相对于月度需用计划而言可适当放大对需用数量的审核尺度，与在施工程的季度形象进度相配合即可，最终靠月度需要计划而细分。年度材料需用计划则具有了材料"总量"的概念，即能够表示出年度的材料需求规模，而并不追求对应的工程项目是什么、是多少。以下主要以月度材料需用计划的编制为主，说明材料需用计划的编制方法。

（1）月度材料需用计划的编制程序

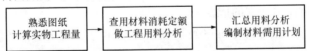

1）计算实物工程量

实物工程量一般来自于两个渠道，一是按照生产部门下达的生产计划，依此作为编制材料需用计划的依据之一；二是按照上期实际完成的实物工程量，根据图纸寻求本期需要完成的实物工程量。通常以生产计划获得的实物工程量，也需要以图纸为依据分析材料需用，因此熟悉图纸是编制好材料需用计划的前提条件。

【示例 2-1】某宿舍工程本月生产计划要求：完成垫层及基础保护墙体砌筑。根据工程量计算规则，按照图纸标识的尺寸，计算得到垫层工程量为 $100m^3$ 且为 C10 碎石混凝土；基础保护墙为 $200m^3$ 且要求 M5 砂浆砌筑普通砖 240mm 墙体。

2）做工程用料分析

继续参照示例：根据图纸和施工组织设计要求，查找相应施工项目的材料消耗定额，做出工程用料分析。其计算方法如下：

①垫层施工材料分析

垫层施工要求使用 C10 碎石混凝土

第一步：查混凝土工程定额：$1.01m^3/m^3$

第二步：计算混凝土工程量＝$1.01m^3/m^3 \times 100m^3 = 101m^3$

第三步：查混凝土配合比

C10 碎石混凝土用水泥 $198kg/m^3$　砂子 $777kg/m^3$　碎石子 $1360kg/m^3$

第四步：计算混凝土中各种材料需用量为：

水泥＝$198kg/m^3 \times 101m^3 = 19998kg$

砂＝$777kg/m^3 \times 101m^3 = 78477kg$

碎石＝$1360kg/m^3 \times 101m^3 = 137360kg$

② 墙体砌筑施工材料分析

保护墙砌筑施工要求使用 M5 砂浆，使用普通砖，砌筑 240mm 墙体

第一步：查砌砖材料消耗定额

普通砖 512 块/m^3，砂浆 $0.26m^3/m^3$

第二步：计算砂浆、砖的工程量：

砂浆量＝$0.26m^3/m^3 \times 200m^3 = 52m^3$

普通砖＝512 块/$m^3 \times 200m^3 = 102400$ 块

第三步：查砂浆配合比

M5 砂浆用水泥 $320kg/m^3$，石灰 $0.06kg/m^3$，砂 $1599kg/m^3$

第四步：计算砌浆中各种材料需用量

水泥＝$320kg/m^3 \times 52m^3 = 16640kg$

石灰＝$0.06kg/m^3 \times 52m^3 = 3.12kg$

砂　＝$1599kg/m^3 \times 52m^3 = 83148kg$

3）汇总材料分析，编制材料需用计划

将用料分析中计算得到的各种材料需用量，按照品种、规格分别累计汇总，得到需用量合计，作为编制材料需用计划的依据。

以上述计算为例，汇总材料分析得到下表数据，作为编制该项任务的材料需用计划（表 2-1）。

材料需用计划表　　　　　　　　　　　　表 2-1

工程名称	水泥 （kg）	砂子 （kg）	石灰 （kg）	砖 （块）	碎石 （kg）
C10 碎石混凝土垫层	19998	78477			137360
M5 砂浆砌 240 墙体	16640	83148	3.12	102400	
合计	36638	161625	3.12	102400	137360

以此作为编制材料需用计划的依据。

（2）月度材料需用计划编制示例

某企业材料部门，负责两个工程的材料管理。其一为宿舍工程，处于基础部位；其二是教学楼工程，处于结构部位。本月生产计划任务量如下表所列，试编制材料需用计划。

工程一：某宿舍工程，某月计划完成基础工程部分施工，其中 M5 混合砂浆砌砖

$200m^3$；C10 碎石混凝土垫层 $100m^3$。其各种材料需用量计算如下：

第一步：查砌砖、混凝土工程量定额得到

砌普通砖 512 块/m^3，砂浆 0.26m^3/m^3

混凝土用量 1.01/m^3

第二步：计算混凝土、砂浆及砖工程量：

砌砖工程

普通砖＝512 块/m^3×200m^3＝102400 块

砂浆 0.26m^3/m^3×200m^3＝52m^3

混凝土工程

混凝土量＝1.01m^3/m^3×100m^3＝101m^3

第三步：查砂浆、混凝土配合比表得：

C10 碎石混凝土用水泥 198kg/m^3，砂子 777kg/m^3，碎石 1360kg/m^3；

M5 砂浆用水泥 320kg/m^3，石灰 0.06kg/m^3，砂 1599kg/m^3。

则砌浆中各种材料需用量为：

水泥＝320kg/m^3×52m^3＝16640kg

石灰＝0.06kg/m^3×52m^3＝3.12kg

砂＝1599kg/m^3×52m^3＝83148kg

混凝土中各种材料需用量为：

水泥＝198kg/m^3×101m^3＝19998kg

砂＝777kg/m^3×101m^3＝78477kg

碎石＝1360kg/m^3×101m^3＝137360kg

以上分析的过程可以列表，如表 2-2 所示。

分项工程材料分析　　　　　　　　　　　　表 2-2

单位工程名称　××宿舍

计　算　部　位　基础工程

工程名称	单位	工程量	水泥 kg	砂子 kg	石灰 kg	砖 块	碎石 kg
M5 混合砂浆砌砖	m^3	200	83.2 / 16640	415.74 / 83148	0.06 / 3	512 / 102400	
C10 碎石混凝土垫层	m^3	100	199.98 / 19998	784.77 / 78477			1373.6 / 137300
……							
基础工程小计			36638	161625	3	102400	137360

工程二：某教学楼工程，某月计划完成结构过梁安装、空心板堵眼等施工项目，其生产计划下达的任务量如下表中所列，按照"工程一"中的计算方法，可以得出下列材料分析（表 2-3）。

分项工程材料分析 表 2-3

单位工程名称　　××教学楼

计 算 部 位　　结构工程

工程名称	单位	工程量	水泥	砂子	石灰	砖	碎石
			kg	kg	kg	块	kg
过梁安装	根	43	10.45 / 449	415.74 / 17877	0.56 / 24	512 / 22016	
空心板堵眼	块	249	199.98 / 49795	784.77 / 195408			1371.6 / 342026
			......				
结构工程小计			50244	213285	24	22016	342026

该材料部门为完成上述两个工程的材料供应，需用材料的计划应根据表 2-2 和表 2-3 的用料分析汇总后编制，见表 2-4。

××月材料需用计划 表 2-4

序号	工程名称	施工部位	水泥	砂子	砖	石灰	碎石
			kg	kg	块	kg	kg
1	××宿舍	基础	36638	161625	102400	3	137360
2	××教学楼	结构	50244	213285	22016	24	342026
	合计		86882	374910	124416	27	479386

材料部门编制完成的材料需用计划，应获得生产、技术、造价和财务部门的会签意见，方可作为实施的依据。

（3）季度材料需用计划的编制

通常情况下，季度材料需用计划比月度材料需用计划更粗略。因受生产进度调整，图纸变化较频繁，不确定因素较多的影响，材料需用计划也需随之变化。

当图纸基本到位且相对稳定时，可以采取月度材料需用计划的编制方法，但当不具备条件时通常可以采用以单位工程预算为依据的编制方法。

以单位工程材料预算为依据编制材料需用计划，就是根据图纸预算的工程量及材料消耗定额所计算的一个单位工程的材料计划。按照季度生产进度编制的材料计划，是材料计划中的中期计划。这项计划并不要求完全与施工现场同步，而是与年度计划相协调，确保年度目标实现的一个过程控制计划，是单位工程核算以及竣工结算对比的依据之一。

（4）年度材料需用计划的编制

年度材料需用计划，实际是材料部门完成年度工作的目标之一，是实现企业年度指标的保证。它与施工生产、进度安排、现场需用距离相对较远，因此该项计划并不追求按品种、规格编制的准确性，而以保证企业总体部署的实现为基本要求。

年度材料需用计划一般以估算定额（指标）作为计算材料需用量的依据。根据年度生产经营任务总量，了解工程项目类型、建筑面积等主要技术经济指标，套用 m^2 估算定额或万元工作量估算定额计算材料需用量。如果没有适合的估算指标，也可根据本单位或同行业的历史资料，测定材料消耗水平，计算年度主要材料需用量。

【示例 2-2】某施工企业 2015 年预计完成建筑安装施工产值 15600 万元，为确保施工生产顺利进行，需要材料部门测算年度材料需用量并编制年度材料需用计划。根据该企业以往年度施工产值及钢材、水泥的消耗统计资料见表 2-5，试测算年度主要材料需用量。

年度施工产值及材料消耗统计表　　　　表 2-5

年度	完成建筑安装工程产值（万元）	钢材消耗		水泥消耗	
		消耗量（t）	kg/万元	消耗量（t）	kg/万元
2010	103650	95998	926.08	79620	768.16
2011	89768	90866	1012.23	74050	824.90
2012	120956	106076	876.98	110352	912.33
2013	168760	166526	986.76	146344	867.17
2014	153240	154178	1006.12	120546	786.65
合计/平均	636374	613644	964.28	530912	834.28

解：根据提供的该企业统计资料得到：

$$钢材估算定额 = \frac{\sum_{1020}^{2014}（钢材消耗量）}{\sum_{2010}^{2014}（完成建筑安装工程产值）}$$

$$= \frac{\sum（95998+90866+106076+166526+154178）}{\sum（103650+89768+120956+168760+153240）}$$

$$= \frac{613644}{636374}$$

$$= 964.28 kg/万元$$

$$水泥估算定额 = \frac{\sum_{1020}^{2014}（水泥消耗量）}{\sum_{2010}^{2014}（完成建筑安装工程产值）}$$

$$= \frac{\sum（79620+74050+110352+146344+120546）}{\sum（103650+89768+120956+168760+153240）}$$

$$= \frac{530912}{636374}$$

$$= 834.28 kg/万元$$

现设定企业在 2015 年的经营生产与往年没有特别大的差异，则可依据上述估算定额直接测得钢材和水泥的需用量如下：

$$钢材需用量 = 钢材估算定额 × 2015 年预计产值$$
$$= 964.28 kg/万元 × 156000 万元$$
$$= 150428t$$

$$水泥需用量 = 水泥估算定额 × 2015 年预计产值$$
$$= 834.28 kg/万元 × 156000 万元$$
$$= 130148t$$

2015 年为完成 156000 万元的施工产值，预计需用钢材 150428t，需用水泥 130148t，以此作为年度主要需用计划的编制依据之一。

企业其他生产所需材料计划，通常以生产该产品的行业消耗定额为标准，以生产计划为依据来编制材料需用计划。例如混凝土、构件、模板等生产所需材料的计划，根据其相应的定额计算年度材料需用计划，按月度或季度的完成量分块编制月度和季度材料需用计划。

机械设备维修、生产生活设施维修材料需用计划则往往没有确定的消耗定额，通常根据历年统计资料，结合设备设施新旧程度，在编制年度维修计划的同时，计算分期的材料需用数量并编制计划。

2. 材料需用计划的实施

材料需用计划的实施，依赖于材料供应计划中所确定的供应措施。即材料部门根据施工现场的生产进度，现场材料存放场所的部署及资金保障安排，确定满足材料需用的时间、数量的安排。具体情况参见材料供应计划。

但是，在材料需用计划的实施中，施工现场往往会出现与计划编制时条件状况不同的情况，致使计划的实施受到影响。通常影响因素主要来自于以下两方面：

一是企业内部影响因素。主要是企业内部各专业（部门）衔接事项出现变化造成的。如生产部门提供的生产计划，技术部门要求的技术措施和工艺方法，劳资部门下达的工作量指标等出现变化，需要相应调整材料需用计划。调整的时间、数量及相关信息是否及时传递，都影响着计划的实施效果。

二是企业外部影响因素。主要表现在市场环境、政策调整及材料资源的变化。如材料产品政策调整影响计划的实施，材料生产企业调整产量或销售方式，自然气候因素影响等。材料部门只有及时了解和预测变化情况，最大限度地提前采取措施，才能保证材料需用计划实施中的相对稳定。

材料部门特别应注意了解国家宏观政策的变化，了解各级政府、行业主管部门的各项政策措施，对于准确把握市场变化，调整经营方向和策略具有重要意义。

3. 材料需用计划的考核

定期考核材料需用计划实施情况，有利于发现计划编制和实施中的问题，可以更加全面地预测影响因素的干扰程度，不断提升计划、调整、应急处置能力。

（1）主要材料需用计划完成数量情况的考核

施工现场所需用的主要材料应单独考核需用计划完成率，重要材料应以实物量的形式进行考核；其他材料可合并成货币形式进行考核。

$$某类材料需要计划完成率 = \frac{某类材料实际供应量（金额）}{该类材料计划需用量（金额）} \times 100\%$$

（2）材料需用计划完成质量的考核

在考核数量完成情况的基础上，通过结构性考核指标，可分析材料需用计划编制的准确性，深入了解编制依据变化对材料工作的影响程度，掌握材料消耗变化的规律性。

$$月/季/年度材料需用计划完成率 = \frac{\Sigma 某类材料实际供应量（金额）}{\Sigma 某类材料计划需用量（金额）} \times 100\%$$

【示例 2-3】某工程项目某月生产计划按期按量完成，工程质量已获得监理签认，主要材料数据如表 2-6 所示，试分析考核材料需用计划完成质量。

某工程主要材料使用情况表　　　　　　　　　　表 2-6

内容	计划需用量	实际供应情况		实际消耗情况	
		数量	完成率（％）	数量	与计划对比（％）
合计	326.79	289.00	88.4	261.56	80.0
钢材	110.79	112.00	101.1	98.33	88.7
其中钢筋	98.00	99.10	101.1	98.98	101.0
$\phi6.5$	27.00	26.78	99.2	26.00	96.3
$\phi20$	13.00	13.26	102.0	12.77	98.0
$\phi25$	32.00	30.97	96.8	30.97	96.8
$\phi32$	26.00	28.09	108.0	29.24	112.4
水泥	216.00	177.00	81.9	167.00	77.0
其中 P·S	180.00	141.00	78.3	141.00	78.3
P·O	36.00	36.00	100.0	26.00	72.2

$$月度材料需用计划完成率=\frac{\Sigma 某类材料实际供应量（金额）}{\Sigma 某类材料计划需用量（金额）}\times100\%$$

$$=\frac{289}{326.79}\times100\%$$

$$=88.4\%$$

由计算所得情况评价：材料整体供应情况一般，材料需用计划完成率为 88.4％。如果对于工期要求较紧时，上述材料需用计划完成情况将会影响整体工程进度和生产组织安排。究其原因，应做更细化的分析。

对上表统计数字进行进一步分析：钢材的需用计划全部按期完成，而水泥需用计划完成率相对较低为 81.9％。可会同生产部门进行分析确认，是否由于混凝土浇筑时间的更改致使水泥需用计划有所调整；是否因钢筋绑扎没有完成使生产计划延时；是否由于上道工序质量验收未通过而造成返工；是否有临时的设计变更；是否因气候原因导致的生产工序调整。当确认的信息涉及材料供应和使用问题时，当确认的原因是由于材料的品种、规格和配套问题引起时，当制定的应对措施需要材料部门调整计划时，材料部门均应根据材料计划管理的基本原则迅速调整工作方案，并在今后的材料管理工作中增加类似风险的预计和抵御准备。

如果进一步分析钢筋需用计划的完成质量，可以从数据表中看出：钢筋品种中 $\phi25$ 规格钢筋供应数量不足，$\phi32$ 数量超过计划需用量，会影响品种规格的配套效率。即有可能造成了现场施工工序等待 $\phi25$ 钢筋而影响钢筋的绑扎。如果技术部门决定采取规格代用，若用高规格直接替代低规格，则会造成材料直接成本增加；若经技术及监理确认调整了施工方案，则有可能引起原工时计划的调整。材料部门应认真分析原因，并尽可能地减少材料规格的变动。

根据考核结果，应分析考核期内材料经营活动存在的问题和取得的经验，制定相应的改进措施。同时，注意分析和积累考核数据，可用于今后制定材料部门业绩和执行力的考核指标。

（三）材料供应计划

材料供应计划，是材料部门完成材料供应工作的实施计划，是衡量材料部门工作绩效的依据之一。因为需要制定满足材料需用的具体措施，而采取的措施既要考虑施工合同的约束，又要顾及资金保障能力，同时还要注意整体项目中各专业施工进度的平衡，因而材料供应计划的政策性较强，容易受行政管理因素的影响。

1. 材料供应计划的编制

（1）做好编制准备工作

1）根据工程承包合同的供应分工，掌握所供应工程的施工特点和现场交通地理条件，参照工程施工组织设计中该部位的施工要求，确定施工中所需材料、构件、制品及相关设施的供应原则和供应方案。对施工中所需的特殊材料、设备、制品应事先确定供应措施。

2）掌握施工任务和生产进度安排，根据图纸标识的实物工程量，依据材料消耗定额，核实工程材料需用量。了解材料预算及对材料价格的限定，了解分部分项工程对材料具体品种、规格提出的技术要求，了解施工现场材料堆放位置及容积，确定材料供应频率及批量。

3）分析上期材料供应计划执行情况，了解已供应材料的消耗情况，分析供应与消耗动态，检查分析订货合同执行情况、运输情况、到货规律等，掌握库存多余和不足，以确定本期末库存量。

（2）确定材料供应量

1）核实需用量

应认真核实汇总各工程的材料需用量，了解编制计划所需的技术资料是否齐全准确，定额采用是否合理，对于粗估冒算、计算差错、定额使用错误等情况应要求相关方重新核定编制。核定材料需用时间、到货时间与生产进度安排是否吻合，品种规格能否配套。

2）预计期初库存量

预计需用部门现有库存量。由于计划需要提前编制，从编制计划时间到计划期初的这段预计期内，材料仍然不断收入和发出，因此期初库存量预计十分重要，一般计算方法是：

期初库存量（预计）＝编制计划时的实际库存量＋预计期计划收入量－预计期计划发出量

计划期初库存量预计是否正确，对平衡计算供应量和计划期内的供应效果有一定影响。预计量少于实际量，将造成供应材料的无效占用。预计量大于实际量，将可能造成供应数量不能满足需要而影响施工。所以正确预计期初库存，必须对现场库存实际资源、进货周期、调剂拨入、采购收入、在途材料、待验收材料以及施工预计消耗速度、调剂拨出等数据，都要认真核实。

3）计算期末库存量

根据生产安排和材料供应周期计算计划期末库存量，也叫周转储备量。其计算方法参见五、（二）中有关储备量的计算。

材料周转储备量，指计划期末的周转储备，即为下一期初考虑的材料储备。要根据供求情况的变化，了解市场信息，合理计算间隔期，以求得合理的储备量。

　　4）确定材料供应量

　　材料供应量＝材料需用量－期初库存量＋期末库存量

　　上述四个量也称为编制供应计划的四要素。

　　（3）确定供应措施，编制材料供应计划

　　根据确定的材料供应量，结合企业可能获得资源的渠道，确定针对工程项目的供应措施。如采购、建设单位供料、利用库存、加工制作、改制代用、调剂串换等措施，并注意与资金进行平衡，以保证供应计划的实现。材料供应计划参考表式见表2-7。

材料供应计划（表式）　　　　　　　　　表 2-7

材料名称	规格质量	期初库存量	计划需用量			期末库存量	供应量						备注
			合计	×× 工程	×× 工程		合计	其中：					
								市场采购	招标采购	加工订货	其他		

　　以材料需用计划编制中列举的实例为例，根据汇总得到的材料需用计划（表2-4），设某两项工程施工现场现有库存情况见表2-8，试编制针对于此两项工程的材料供应计划。

××月库存报表　　　　　　　　　表 2-8

材料名称	单位	期初库存	期末库存	材料名称	单位	期初库存	期末库存
水泥	t	11.3	22.6	砖	块	37510.0	24200.0
砂子	t	78.5	65.2	碎石	t	36.8	47.7
石灰	kg	84.0	86.0				

　　第一步，核实材料需用计划。设原材料需用计划经核实后无误。

　　第二步，确定供应量。计算公式如下：

　　材料供应量＝材料需用量－期初库存量＋期末库存量

　　以上述示例数据确定的材料供应量见表2-9。

确定材料供应量　　　　　　　　　表 2-9

材料名称	单位	材料需用量	期初库存量	期末库存量	材料供应量
水泥	t	87	11.3	22.6	98.3
砂子	t	375	78.5	65.2	361.7
砖	块	124416	37510	24200.0	111106.0
石灰	kg	27	84	86	29.0
碎石	t	479	36.8	47.7	489.9

　　第三步：确定供应措施。即将材料供应量分解为可实现的具体方法，作为保证完成计

划的措施（表 2-10）。

材料供应计划（示例）   表 2-10

材料名称	计量单位	期初库存量	计划需用量			期末库存量	供应量					备注
			合计	××工程	××工程		合计	其中：				
								市场采购	招标采购	加工订货	其他	
水泥	t	11.3	87	37	50	23	98	98				
砂子	t	78.5	375	161	213	65	361		300	61		
砌块	块	37510.0	124416	102400	22116	24200	111106				111106	补偿贸易
石灰	kg	84.0	27	3	34	86	29	29				
碎石	t	36.8	356	14	342	48	367		367			

供应措施是对材料供应计划的落实，是完成材料供应计划的重要保证。所谓措施或保障，就是依据材料部门掌握的资源和能力，将材料供应量按照可以实现的方式全部分解到位。以表 2-10 为例。

1）根据材料需用量、期初库存量并考虑期末库存量后，确定的水泥供应量为 98t，此 98t 水泥均通过采购措施进入施工现场。

2）361t 砂子则分解为两项措施，一是按照行业管理部门要求或企业的规定，必须纳入采购招标范畴，需要通过招投标方式完成采购任务。二是所建项目局部工程有特殊要求，需要使用特殊的微珠粉作细骨料，而此种原材料市场销售方式大都采取单独订货，所以需要通过加工订货的措施实现。

3）按照施工项目所在地要求，石子需要全部采用招投标方式进行采购，必须按照规定的程序进行。

4）"其他"方式可以包括所在企业与部分建筑材料生产或销售单位有补偿贸易的关系，或建立了联合的生产组织，或有其他的业务关系可进行的其他经济往来。表 2-10 中砌块的供应措施可来自此类途径。

材料供应措施，代表着材料部门对材料市场、贸易往来机会、经济结算方式等市场资源的了解和掌握水平，也考验材料部门驾驭市场资源的能力。随着新经济形式的不断涌现，材料供应措施必然会有更多的表现方式。

2. 材料供应计划的实施

材料供应计划在实施中常会受到企业内外各种因素的干扰而影响供应计划的实现，在实施中应特别注意下列事项的控制和管理：

（1）注意生产任务的调整

在计划实施中生产任务改变，临时增加任务或临时削减任务量或临时改变施工方案，材料供应计划都需要做出品种、规格、数量和质量的调整，后续的采购等环节也因此做出相应调整。

（2）满足设计变更要求

施工过程中设计变更相对频繁，导致材料需用品种、规格和价格的变化是必然的，实施材料供应计划时应获得变更的依据并相应调整材料需用计划，汇集采购、储备等相关资源及时制定供应措施，尽可能减少影响。若遇紧急采购可能引起成本、工期、质量等变化时，应获取相关变更签证凭证，以减少后期对结算的影响。

（3）关注材料市场供需变化

材料资源突发性紧张或价格上涨，使采购成本与预算成本之间产生矛盾。对于以固定总价和固定单价不同方式承包施工的建设项目，注意收集信息及过程资料，在提示建设方及监理方关注的同时，协同各方制定技术方案调整、变更材料品种规格、变更设计等措施。

（4）紧跟施工进度的调整

关注生产的进度安排和变化调整，及时掌握建设单位、设计单位的变化意图和调整方案。必要时可提出变化异议或共同参与修正意见。加强现场巡视力度，注意了解专业施工队伍施工中的变化情况，及时采取应对措施，帮助施工方解决出现的问题，尽量减少变更量。利用企业储备库存，解决临时供应不及时的矛盾。建立企业内部各需用单位之间的调剂渠道，实现资源的企业内部畅通流动。与社会供应商建立稳定的供应渠道，利用社会市场和协作关系调整资源余缺。

为了做好协调工作，必须掌握生产部门的动态变化，了解材料系统各个环节的工作进程，一般通过统计检查、实地调查、信息交流、工作会议等方法，了解各有关部门对材料计划的执行和落实情况，及时进行协调，以保证供应计划的实现。

3. 材料供应计划的考核

对供应计划的执行情况进行经常的检查分析，才能发现执行过程中的问题，从而及时采取对策，保证计划实现。通常的考核指标有：

（1）材料供应计划完成情况

某种材料或某类材料实际供应数量与其计划供应数量进行比较，可考核某种或某类材料供应计划完成程度和完成效果。其计算公式为：

$$材料供应计划完成率=\frac{某种（类）材料实际到货量（金额）}{该种（类）材料计划供应量（金额）}\times100\%$$

当分别考核某种材料供应计划完成情况时，可以实物数量指标计量；当考核某类材料供应计划完成情况，其实物量计量单位有差异时，应使用金额指标。

（2）材料供应计划配套情况

考核材料供应计划完成率，是从整体上考核供应完成情况；其具体品种规格，特别是未完成材料供应计划的主要品种，通过检查配套供应情况进行考核。

$$材料供应品种配套率=\frac{实际供应量中满足需用的品种个数}{计划供应品种个数}\times100\%$$

【示例2-4】某材料部门三季度材料供应计划完成情况见表2-11。

三季度材料供应计划完成表　　　　　　　　　表2-11

材料品种规格	计量单位	计划供应量	实际进货量	完成计划（%）
砖	千块	2300	1500	65.2
陶粒瓦	千匹	500	600	120.0

续表

材料品种规格	计量单位	计划供应量	实际进货量	完成计划（%）
石灰	t	450	400	88.9
细砂	t	3500	5000	142.9
石子	t	3000	4000	133.3
其中：				
粒径 0.5～1.5mm	t	1500	1000	66.7
粒径 2.0～4.0mm	t	1100	2400	218.2
粒径 3.0～7.0mm	t	400	600	150.0

从表 2-11 可以看出：

1）砖实际完成计划的 65.2%，与原计划供应量差距很大。如果缺乏足够的储备，势必影响施工生产计划的完成。

2）石灰只完成计划的 88.9%，石灰是墙体工程和装饰工程必需的材料，完不成供应计划，必将影响主体和收尾工程的完成。

3）石子总量实际完成计划的 133.3%，超额较多。但是，其中粒径为 0.5～1.5mm 的石子只完成原计划的 66.7%，如供应不足，混凝土及构件的生产将受到影响。

4）从品种配套情况看，7 种材料就有 3 种没有完成供应计划，配套率只有 57.1%。

$$材料供应配套率＝\frac{4}{7}×100\%＝57.1\%$$

如表 2-11 所示的材料供应配套状况，不但可能影响施工的进行，而且将使已到场的其他地方材料形成呆滞，影响资金的周转使用。应深入了解这三种材料不能完成计划的原因，采取相应的有效措施，力争按计划配套供应。

（四）材料采购计划

材料采购是完成材料供应计划的措施之一，材料采购计划就是对实施这一措施所做出的安排和部署。通常材料采购计划以月度采购计划和临时追加采购计划为最主要，季度采购计划和年度采购计划主要体现在总体采购量与总体所需资金之间的适应性。

1. 材料采购计划的编制

（1）掌握拟采购材料的供需情况

掌握现场材料存放场地容量，了解施工现场施工需求的部位和具体技术、品种、规格和对材料交货状态的要求，并与需用方确定确切的使用时间和场所。

了解市场资源情况，向社会供应商征询价格、资源、运输、结算方式和售后服务等情况，选择供货商。

（2）确定采购要素

根据拟采购材料的供需情况，确定采购材料的规格、质量、数量，确定进场时间和到货方式，确定采购批量和进场频率，确定采购价格、所需资金和料款结算方式。

（3）确定采购计划内容并传递至相关部门和人员

将上述要素与有关部门协调后确定采购计划，将采购任务通知采购人员。

材料加工订货与材料采购并无本质区别。通常情况下直接采购的材料或产品多为标准产品或通用产品，加工订货产品为非标产品，或加工原料具有特殊要求，或需在标准产品基础上改变某项指标或功能，往往使用部位不可更改，因此加工计划必须提出具体加工要求。如果必要，可由加工厂家先期提供试验品，在需用方认同情况下再批量加工。

因此一般加工订货的材料或产品，在编制计划时需要附加图纸或样品，有时候需要需用方自己提供原料。因此材料加工订货计划可以在材料采购计划基础上附加说明、图纸及样品。

依据产品性能及加工工艺复杂程度，产品加工周期也因产品不同而不确定。因此加工订货与一般材料采购计划的不同之处还表现在采购时间必须与使用时间相配合，适当考虑提前时间量，必要时在加工期间到加工地点追踪加工进度状况。

2. 材料采购计划的实施

材料采购计划的实施程度，直接影响施工生产进度及现场操作人员安排。因此，在严格执行材料采购计划的过程中，应做好与现场的衔接，建立信息传递和反馈制度。

（1）建立信息汇集和传递渠道

材料管理人员应按时参加生产会议，随时掌握生产进度过程中的实际情况。坚持经常性的现场巡视，了解工程进度是否正常，资源供应是否及时，各专业施工队伍施工状况。做到及早发现问题，及时处理解决，并及时向材料计划、采购、储备等各环节传递信息。

（2）适当进行计划的调整和修订

在编制材料计划时，不可能将计划任务变动的各种因素都考虑在内，只有待问题出现后，通过调整原计划来解决。在施工过程中，若增加了新的材料品种，原计划需要做出调整；或者根据用户的意见对原设计方案进行修订，对于设计变更或工艺变化，计划也要作相应调整。根据多年的实践，材料计划的变更中由生产任务变化和设计变更所引起的占大多数；其他变更对材料当然也发生一定影响，但变更量相对较少。

材料计划的变更及修订主要有如下三种方法：

第一，全面调整或修订。主要是指材料资源和需要发生重大变化时的调整。如自然灾害或市场政策出现重大调整等，都可能使资源与需要发生重大变化，这时需要全面调整计划。

第二，专案调整或修订。主要是指由于某项任务的突然增减；或由于某项原因，工程提前或延后施工；或生产建设中出现突然情况等，使局部资源和需要发生了较大变化，为了保证生产建设不中断进行，需要作专案调整或修订。这种调整属于局部性的调整。

第三，经常调整或修订。生产和施工过程中临时发生变化，可临时调整。这种调整也属于局部性调整，主要是通过调整计划来解决。

（3）定期进行分析考核

定期统计计划的完成情况，设定考核指标，在分析数据结果的基础上提出改进措施，必将有利于材料管理活动的持续改进。

3. 材料采购计划的考核

考核材料采购计划完成情况，是为了检查采购措施的落实及其是否满足了生产需要，通常考核采购计划完成率和保证生产需用的及时率。

（1）材料采购计划完成情况

$$材料采购计划完成率=\frac{\Sigma 各类材料实际采购量（金额）}{\Sigma 同类材料计划采购量（金额）}\times100\%$$

主要材料应分品种按实物量进行考核；其他材料可合并统计，以货币形式。

（2）材料采购及时性考核

在检查考核材料采购总量完成情况的同时，也可能遇到考核时材料的收入总量完成情况较好，但实际上施工现场却发生过停工待料的现象，这是因为在采购中存在着到货不及时的问题，也同样会影响施工生产的正常进行。

在考核材料采购及时性时，需要把时间、数量、平均每天需用量和期初库存量等资料联系起来考查。计算方法为：

$$采购及时率=\frac{采购进货对生产的保证天数}{实际生产作业天数}\times100\%$$

【示例 2-5】某工程项目材料部门某月某种材料采购情况见表 2-12。现考核该材料采购计划完成情况。

××项目材料采购及时性考核 表 2-12

进货批次	计划需用量		期初库存量	计划进货		实际进货		完成计划（%）	对生产保证程度	
	本月	平均每日消耗量		日期	数量	日期	数量		按天数计	按数量计
	390	15	30						2	30
1				1	80	5	45		3	45
2				7	80	14	105		7	105
3				13	80	19	120		8	120
4				19	80	27	159		3	45
5				25	70					
							429	110	23	345

由上表的数据可以看出：

1）该材料的采购计划完成率$=\dfrac{\Sigma 各类材料实际采购量（金额）}{\Sigma 同类材料计划采购量（金额）}\times100\%$

$$=\frac{429}{390}\times100\%$$

$$=110\%$$

2）从计划进货日期与实际进货日期对比后发现，从第一次进货开始就发生"迟到"现象，该月的 1～2 日，可以暂时使用期初库存的 30t，可以确保 2d 的材料需用，但由于原计划 1 日进货的 80t 并未按时进货，必然造成 3～4 日两天因缺货而影响材料供应。

3）5 日进货后的 45t 材料，可保证 3d 的供应，即 5～7 日的生产需用。但本应 7 日进货的 80t 直到 14 日才进货。8～13 日的材料需用必然受到影响，但进货的 105t 能够保证 14～20d 的水泥需用。

4）19 日再次进货 120t，与上批进货材料衔接良好，可保证 21～28 日的生产需用。

5）27 日进货 159t，按照 30t/d 的需用速度，本可以保证生产需用约 10d，但本月生产时间只剩下 3d，即使进货较多但也无法安排使用。

6）由上述记录可以得知，虽然本月该材料的采购计划完成率达到 110%，但因到货时间未按计划执行，使施工现场对该材料的供应始终处于紧张程度。由上述数据就可以得到结论：采购的及时率较低而影响了工序的按期推进。

7）该材料该月采购的及时率为：

$$采购及时率 = \frac{采购进货对生产的保证天数}{实际生产作业天数} \times 100\%$$

$$= \frac{23}{31} \times 100\%$$

$$= 74.2\%$$

三、材料采购管理

材料采购管理就是通过各种渠道，采取各种措施，把施工生产所需用的各种材料、原料、能源和工器具购买进场，以保证施工生产的顺利进行。

随着生产资料市场的不断完善，材料流通渠道不断扩展，生产资料市场逐步成熟，使材料采购措施和渠道日益增多。建筑产品的功能和技术工艺水平的改变，对能否选择经济合理的采购对象和采购批量，按质、按量、按时进入使用现场，将对保证生产顺利进行，充分发挥材料使用效能，提高产品质量，降低工程成本，提高建设项目经济效益都具有重要意义。

（一）材料采购管理的基本要求

建筑施工企业的材料管理工作中，材料采购是与施工生产关系最密切、影响最直接的内容之一。因材料采购行为本身还涉及企业的资金流转和占用，涉及供应、运输、储备及生产使用等工作环节，也涉及社会供应商及建设方、监理方的利益，加之材料采购的品种规格多，使得材料采购工作本身成为材料管理、施工现场管理乃至企业管理的重点。

1. 材料采购应遵循的原则

建筑企业材料部门在质量第一、费用节省的目标下，完成材料采购任务必须遵循以下原则：

（1）遵守政策法规的原则

材料采购，必须遵守国家和地方有关政策和法令，遵守企业采购操作程序，熟悉合同法和财务制度，熟悉税务管理及工商行政管理部门的规定，掌握当地建设主管部门的各项管理规定和企业的规章制度。

（2）计划采购的原则

材料采购是依据施工生产需用有计划进行的。按照生产进度安排材料采购时间、品种、规格，按照施工现场条件状况确定进货批量，按照企业资金状况制定料款结算计划，力争以较少的资金占用，获得最大的经济效益。

（3）降低成本的原则

材料采购应注重在满足设计功能和质量要求的前提下不断降低采购成本。采购中要做到"三比一算"，即比质量、比价格、比运距、算成本；货比三家，即多方询查资源，合理确定采购对象，加强采购环节的核算，实现采购成本的降低。

2. 影响材料采购的因素

随着流通领域的发展壮大，市场资源渠道不断增多。随着建筑企业所有制结构变化、企业项目管理、施工总承包与专业分包、开发设计施工一体化建设模式等诸多内外影响因素，亦会使材料采购管理因不同工程而采取不同的管理方法。

（1）企业外部影响因素

1）建筑市场的影响。建筑市场的发展程度，在一定程度上决定了材料采购管理模式。从建筑市场获得的工程项目，与建设单位指定建设施工方获得的工程项目，在材料采购权限、材料采购成本上会产生较大的差异。随着建筑市场化水平的提高，公开、公平、公正参与工程建设投标和工程材料管理投标，必将提升建筑行业的材料采购管理水平。

2）市场资源的影响。随着建材市场的发展和完善，资源渠道日益增多。按照建材流通经过的环节不同，资源渠道一般分为三类。一是建材生产企业，这一渠道一般供应稳定，价格较其他部门低，供货与服务最为直接并能根据需要随时进行加工，因此是一条较有保证的渠道。二是建材需用企业，即建筑企业内部的材料管理组织，以保证生产为前提，以满足生产需要为目标，既了解市场资源，又能配合生产使用，采购对生产的保证程度较高。三是建材流通企业，即专业从事建材买卖、储运和配送的企业，这类企业具有专业性强，资源渠道多，综合配套能力强的特点，是社会建材流通的主要渠道。

3）宏观经济政策的影响。一定时期内宏观经济政策也许并不直接决定企业的材料采购方式，但行业性政策调整，建材产品产业结构变化，都会引起供需之间的变化，从而造成投资、价格、成本等诸多影响。了解宏观政策，掌握市场行情，预测市场动态是在材料采购竞争中取胜的重要保证。

（2）企业内部影响因素

1）生产组织形式的影响。建筑企业的生产组织形式，目前以大型企业集团总承包、专业型企业专业施工分承包和劳务型企业的劳务分承包为主要形式。在施工总承包方、专业分承包方和劳务分承包方之间，通常形成了施工总承包方负责主要材料的采购管理，专业分承包方负责专业材料采购的管理，劳务分承包方通常只负责材料的使用而不承担材料采购职能。

因施工生产程序性强、配套性强，材料需求呈阶段性变化。因设计变更、计划改变及施工工期调整等因素，使材料需求非确定因素较多。所以，材料采购人员应掌握施工规律，预计可能出现的问题，使材料采购适应生产需用。

2）材料储存能力的影响。材料采购批量受料场、仓库堆放能力的限制，同时采购批量的大小又影响着采购时间间隔和价格。根据平均每日材料需用量，在考虑采购间隔时间、验收时间和材料加工准备时间的基础上，确定采购批量及采购次数。具体确定方法见本书相关内容。

3）资金支付能力的影响。采购批量的确定是以满足生产需用为目标，但由于企业资金状况不同，受支付材料采购款项的能力影响也必然会改变或调整批量，从而增减采购次数。资金充裕时，采购批量相对较大，规模效益明显。资金缺口较大时，往往要按材料需用的缓急程度分别小批量采购，其采购方式和权限往往也随之调整。

除上述影响因素外，采购人员自身素质、材料采购机构的设置等对材料采购都有一定影响。

3. 材料采购的分工

材料采购的分工，是企业材料管理体制的主要体现。因材料采购的分工不同，材料的供应、运输、储备、核算等管理体制也随之改变。材料采购的分工一旦确定，企业机构设置、业务分工及核算体制才能确定。

　　依据目前多数建筑企业的管理体制，材料采购的分工有三种主要模式。一是集中采购方式，即将材料采购权限集中在某一级组织，材料需用部门没有采购权限或只有部分辅助材料、零散材料的采购权限。二是分散采购方式，即由相对分散的材料需用部门直接采购。三是授权分工采购。

　　企业的采购分工不同影响着施工现场材料采购管理的任务、内容和工作流程不同。同时，采购的分工涉及施工企业和施工现场计划管理、资金分配、项目结算内容的不同，使施工现场在施工过程中的资料收集和保管、统计报表也会发生变化；从企业角度也会涉及税务交纳、成本组成等事项。因此，关注并合理设计材料采购工作的分工非常必要。

　　（1）集中采购

　　集中采购，即集合企业内部全部的材料需用，由某个组织专门进行采购管理的方式。但因企业的规模不同，管理层级的设置不同，材料的集中采购也有不同的设置方式，其管理内容及效果也差异较大。

　　1）集中采购的形式

　　集团化统一采购。经营规模较大的施工企业，因材料消耗量大，资金占用量和流转量也非常大。由于在施工程较多，集团采购更利于材料质量的把控。为了能够更好地提升经营效率和资金使用效益，实行集中采购产生的管理效果非常明显。但由于采购量大，涉及材料品种多、专业性强，通常是采取成立专业机构专项负责采购的方式。专业机构统一负责材料供应商的信息收集、供方选择和价格、质量及服务要求，负责对集团内所属企业的材料供应和材料结算。由集团或受托的专业机构负责材料集中采购，负责施工生产用材料质量的保障，负责材料采购资金及收益的核算。施工现场材料部门只负责材料的进场验收、保管、使用和消耗的核算。这种方式是实物流动、信息流动和资金流动的高度统一。

　　企业集中采购。承担工程建设的法人企业，集中企业内部各建设工程的材料需用，统一收集市场信息，集中选择供应商，通过设立供应商名录，统一价格区间，统一质量标准，统一监督管理。一般可通过内部管理流程操作实施。通常也很少设置仓库，大多数材料并不进行实质性的采购和供应，更多的是信息流动和资金流动，实物的流动由各建设项目的施工现场直接实施。

　　集中采购平台。由集团或企业设置统一的采购平台，提供供应商和材料的信息、资源、价格、服务等相关内容，各工程项目的施工现场可在平台内自由选择。集采平台统一了供应商和材料质量要求，约束了交易方式，集中了结算过程。随着信息化技术的发展，平台式集中采购必将会提供越来越多的服务内容和交易便利，是具有较大发展空间的集中采购方式。

　　2）集中采购方式的优势

　　一是集中采购可集合最大的采购批量，特别是大型集团化企业，其集中后的采购规模将成为供应商的最佳合作对方，在获得规模价格和服务优势的基础上，还可以提供更多的"定制"式服务，促使材料生产企业提高产品质量，提升产品适用性。

　　二是集中使用材料采购资金，可减少资金分散占用而提高资金利用率，可减少资金流转风险和管控风险，可获得金融机构专项资金支持，可推进企业融资、金融产品、金融衍生品的开发和管理。

　　三是集中后的采购权限由专业部门和人员负责，有利于专业机构和专业人员发挥专业优势，有利于更充分地利用企业内部或社会的专业运输、储备、加工、包装、分拆等资源，更合理、更高效地提供材料的采购供应服务；进而有利于提高采购管理水平，在保证生产需用的同时创造更高的经济效益。更有这样的组织机构走出企业，成为具有独立材料经营管理能力的经济组织，为企业创利。

3）集中采购方式的不足

一是由专业机构从事材料采购，必然增加了材料从生产商到达使用者之间的中间环节。该环节的工作效率和采购管理水平，对施工生产的了解程度和配合能力对工程建设速度有着较大的影响。当该环节出现业务运转不畅时，对企业的整体经营状况会有较大的影响。

二是由于材料采购批量大，资金需用量也大。当流动资金紧张时，会因资金支付困难造成采购停滞，企业债务增多，财务费用增加也会影响企业效益。同时，由于供应时间与结算周期的差异，会造成企业债权债务的交织，加大核算的管理难度。

三是经过专业机构的环节，必然增加管理成本。若采购、供应、运输、储备等环节计划不周、协调不畅时，流通费用的增加将显著影响工程建设速度和建设成本。

（2）分散采购

由材料的各需用组织直接采购，相对于法人企业而言，采购的权限随工程项目而行，分散在各个基层组织或施工现场。因不同企业的机构设置不同，其"分散"的程度也有所不同，而形成各自不同的职责划分。

1）分散采购的分工

施工现场采购材料，是比较典型的分散采购方式。通常是与建设项目承包管理模式相对应，由建设工程项目自行采购，独立核算，与成本限定、费用包干等管理措施一并实行。这种采购分工要求施工现场的材料部门专业能力较强，职责分工明确，经济指标、管理指标清晰，材料质量、技术保障能力齐备，资金条件良好，储备、运输资源丰富。

专业（分）公司采购，是"小"集中基础上的分散采购。即以某一个相对专业的组织为基础进行材料采购。说其"小"，是指对法人企业而言它属于分散了采购权限，说其集中是指仅对其所直辖（专业）范围内有统一的采购权限。这是对于专业性较强，使用面较窄且量小的材料采购方式。

材料使用者直接采购。是最"彻底"的分散采购权限方式，即谁干活谁采购。这种方式只适用于施工量很小、专业性极强且操作者人员单一的专业工种或专业部位，而且他人难以替代，材料使用范围极窄，市场资源不够丰富的材料采购。

2）分散采购方式的优势

一是这种采购方式使采购者与使用者具有共同的利益目标，为了实现这个目标，采购者的积极性和主动性可以充分得到发挥，不仅有利于各项经济指标的完成，也将使采购效果发挥到最佳。

二是采购者与使用者同属于一个组织，之间的信息传递和业务衔接零距离，因而工作效率一般较高，配合较密切，信息沟通和日常协调效率较高。

三是就局部采购部门而言，流动资金需用量相对较小，债务相对分散，因此资金压力较小。

3）分散采购方式的不足

在多年的实践中，分散采购在保证各生产部门持续运转的同时，也给企业的材料管理效果带来了显著的负面影响。

一是分散采购难以形成采购批量，特别是大型企业集团无经营规模可言，因而对集团化发展十分不利。专业设施的利用和专业管理技术无以发挥，因而总体材料采购管理水平低。

二是资金分散，占用多。这种采购方法，往往将资金使用权限下放到采购部门甚至采购者，看起来资金压力不大，局部资金占用少，但因采购部门多，资金沉淀部位多，所以资金的总体效益和利用率较低。

三是机构人员重叠，采购人员队伍不稳定。工程建设项目组织，是一次性组织，其中材料采购人员往往随项目的分解与组合而流动。这种流动的直接结果就是材料采购人员队伍变化不定，专业技能参差不齐，专业知识与工程项目不匹配。而且每个需用部门重复设置相同职能的材料采购管理人员，加大了企业的人工成本。

（3）授权分工采购方式

授权分工采购是上述两种方式的权限再分配，也可称为是大集中下的小分散。即由集团化企业或法人企业，根据企业自身的生产经营特征、资源特征和管控优势，划定实施集中采购的材料品种，或通过设置集中审批的流程权限，或控制资金集中收支的账户，实现对重大的、量大的和需要特别管控材料的集中采购，而对其他类材料则通过授权数量权限、授权价格权限，授权资金使用权限等方式，实行分散采购方式。

1）授权的方式

通过行政文件授权。集团化企业或法人企业，通过企业内部规章制度、行政文件等形式，明确采购权限的分工和管理职责，明确实物流动、信息流动和资金流动的程序及管控权限，明确问题处置和纠纷处理方式。

通过集采平台授权。企业建设材料采购信息化平台，将必须集中采购的材料和可以分散采购的材料建立不同的操作流程，平台向全部管辖组织开放，而全部组织的采购都必须通过平台完成，以此实现采购权限的分割。

单独授权。针对特殊工程项目或在特殊地区建设的工程项目所采取的单独授权。这种授权属于一次性政策，仅针对授权项目有效。

2）授权分工采购方式的优势

一是可以集中管理力量抓大放小，实现严格基础上的灵活，有利于调动企业内部各层级的资源，有利于合理配置权限，特别是针对一些特殊项目时，可以更满足甲方及项目所在地区的经济环境要求。

二是可以适当分散资源余缺带来的采购风险，可以促进新材料、新技术的试用和推广，可以调动基层组织中的材料部门配合技术、生产部门通过替代材料、技术革新、优化方案等措施的实施。

三是可以适当缓解资金压力，特别是在材料市场资源紧张、银行政策调整时期，可通过调整权限实现企业整体利益的最大化。

四是可以充分利用各层级组织中的人力资源、资产资源和环境资源，通过授权充分利用闲置的设施，调剂余缺，调动各级组织中材料管理人员的积极性和发挥专业管理能力。

3）授权分工采购方式的不足

一是在制度的严肃性与灵活性中难以统一，由于管理上的"一事一议"而使制度流于形式，最终影响企业的执行力。同时，管理的一致性不足也容易造成各组织间的不平衡。

二是施工项目不同的特殊性使授权的适应度不尽相同，可能造成实际授权与应授权间的差异而影响材料采购分工的原则和目标。

三是实物流动和资金流动与授权分工的配合需要紧密，否则容易出现各层级间职责不清晰、管理脱节，为施工现场服务不到位等现象。

（4）采购分工方式的选择

是分散采购还是集中采购，是充分授权还是有限制地授权，主要是由建筑市场的发展程度，基本建设投资管理体制和企业内部管理机制等因素决定的。应该说既没有统一固定的唯一模式，也非一成不变。不同的企业类型，不同的生产经营规模，甚至承揽的不同工程，其采购方式均应根据具体情况而确定。我国建筑施工企业，由于其企业组织体制不同，其各自的材料采购分工也不同，却都显示了一定优势。

1）现场型施工企业采购分工方式的选择

这类企业一般是指企业规模相对较小或相对企业经营规模而承揽的工程任务较大的企业。其材料采购部门与工程施工联系密切，适宜采取集中采购方式。一方面减少工程项目的采购工作量，又能形成一定的采购批量；另一方面也有利于企业对在施工程的管理和控制，提高企业管理水平。

2）城市型施工企业

一般是指建设任务分布于一座城市或地区内，经营规模较大，施工力量较强，承揽任务较多的企业。新中国成立初期建立的国有建筑施工企业多属于此类。这类企业特点是：机构健全，企业管理水平较高，工程项目多分布在一个城市或地区内，但企业整体经营目标一致，管理制度统一。因此这类企业比较适宜采取统一调控、分级管理的采购方式。主要材料、重要材料及利于综合开发资源的材料采取统一管理体制，形成较强的采购能力和开发能力，可以与大型材料生产企业协作，对稳定资源，稳定价格，保证工程质量均有较强的作用，特别是当市场资源紧张时尤其显著。而对于其他材料，则由其他部门或工程项目视情况自行安排，多采用分散采购方式。这样做既调动了各部门的积极性，又保证了整体经济利益；既能发挥各自优势，又能抵御市场变化带来的冲击。

3）区域型施工企业

一般经营规模庞大，其生产经营组织通常分散于各地，承揽跨省、跨地区甚至跨国工程项目，但也有从事某区域内专业项目建设施工任务的企业。这类企业一般技术力量雄厚，但工程项目和人员分散，因此其采购方式要视材料需用部门所在地区的资源状况，承揽的工程项目类型而定，往往是集中采购与分散采购配合进行，即使分散采购但跨地区的联合采购仍然存在。因此其采购方式灵活多样，适应性强。

由此可见，材料采购方式的确定绝非唯一的、不变的，应根据具体情况具体分析，以保证企业整体利益为目标而确定。

（二）材料采购渠道及程序

施工现场的材料采购渠道，取决于所在企业材料采购工作的分工形式。若所在企业实施集中统一采购，则施工现场不具备采购权限或根据分工只具有部分材料的采购职能。

1. 招标采购

为规范建设工程材料设备采购招标投标活动，提高经济效益，保证建设工程质量，根据《中华人民共和国招标投标法》及相关规定，部分地区的建设主管部门根据当地项目建设资金来源、项目属性及建设规模等因素，制定了必须实施公开招标和邀请招标的范围。部分企业将采购招标作为重要材料及大宗材料采购的重要渠道之一。

（1）编制采购招标书

施工现场材料部门，根据所在地区的相关管理规定，确定必须实施采购招标的范围；同时根据施工图预算、施工组织设计文件及专项技术方案等资料，确定拟实施采购招标的材料品种、规格、数量、质量标准、需用时间、送货地点、包装要求、运输方式、价格与费用、环保、维修、配件及其他服务需求，并依此编制招标书。同时编制投标资格预审公告、招标公告或投票邀请书。招标书应明确全部需要约定的事项，必要时可委托招标代理机构审核或代拟标书或全权委托办理，经招标方审核批准后作为招标文件。

（2）发布招标公告

根据必须实施公开招标和可实施邀请招标的条件，确定招标方式。招标企业应当按照资格预审公告、招标公告或者投标邀请书规定的时间、地点发售资格预审文件或者招标文件。资格预审文件或者招标文件的发售期不得少于 5 日。

（3）资格预审

招标企业应成立资格预审组织，并按照资格预审文件要求审核申请人资格。资格预审结束后，应当及时向资格预审申请人发出资格预审结果通知书。未通过资格预审的申请人不具有投标资格。通过资格预审的申请人少于 3 个的，应当重新招标。

（4）投标

通过资格预审的投标人，按照投标公告的规定投标。严格遵守法律法规中约定的禁止、回避、告知条款。

（5）开标、评标、中标

招标人按照招标文件规定的时间、地点开标。

工程项目所在企业应按照所在项目地区的规定成立评标委员会。评标委员会成员应当依照招标投标法和相关条例的规定，按照招标文件规定的评标标准和方法，客观、公正地对投标文件提出评审意见。招标文件没有规定的评标标准和方法不得作为评标的依据。评标完成后，评标委员会应当向招标人提交书面评标报告和中标候选人名单。中标候选人应当不超过 3 个，并标明排序。

招标人应当自收到评标报告之日起 3 日内公示中标候选人，公示期不得少于 3 日。

（6）签订书面合同

招标人和中标人应当依照规定签订书面合同，合同的标的、价款、质量、履行期限等主要条款应当与招标文件和中标人投标文件的内容一致。招标人和中标人不得再行订立背离合同实质性内容的其他协议。

《中华人民共和国招标投标法》的颁布，使通过招标方式完成采购成为广泛采用的方式。由材料采购部门编制材料采购标书，提出需用材料的数量、品种、规格、质量、性能指标、技术参数等招标条件，由各供应（销售）商或代理商投标，表明对标书中相关内容的满足程度和满足方法，经评标组织评定后确定供应（代理）商及其供应产品。

采用招标方式进行材料采购，体现了公开的原则，在一定程度上实现了公平和公正。而且通过投标方之间的竞争，有利于获得质量好、价格合理的供货单位，有利于约束采购中的不正当操作行为，有利于促进材料生产企业产品质量的提高和调整产品结构。买卖双方签订采购合同，能够保护双方的利益。

2. 市场采购

市场采购就是按照采购计划有组织按程序在市场上进行的材料采购活动。市场材料采购通常是指可获得的标准产品或常规产品。加工订货的产品往往是非标准产品或有特殊要求、特殊功能的产品，两类采购方式主要操作程序基本相同。材料采购和加工订货业务主要分为准备、谈判、成交、执行和结算共五个阶段。

（1）采购准备

采购和加工订货实施前，应做好细致的调查准备工作，掌握资源与需用双方情况。

1）落实需要采购和加工订货的材料品种、规格、型号、质量、数量、使用时间、送货地点、进货批量和价格限制。

2）按照需要采购的材料，了解资源情况，考察供应商的企业资质、供应能力、价格水平及售后服务内容，提出采购建议。

3）选择和确定采购和加工企业，必要时到供应商生产、储备地点进行实地考察，按企业采购工作管理程序办理相关签认手续。

4）编制采购和加工订货实施计划，报请有关领导批准。

（2）采购的谈判

材料采购计划批准后，即可开展业务谈判活动。所谓业务谈判，就是材料采购业务人员与提供建材或产品的生产企业或中间商进行具体的协商和洽谈。

材料采购业务谈判的主要内容有：

1）明确采购材料的名称、品种、规格、型号、交货状态和包装方式。

2）明确采购材料的数量、单价、相关费用及结算方法。

3）确定采购材料的质量标准（国家标准、部颁标准、企业专业标准和双方协商确定的质量标准）和验收方法。

4）确定采购材料的交货地点、交货方式、交货日期等。

5）确定采购材料的运输方法、运输工具及运输费用。

6）确定其他事项。

需用采取加工订货形式采购时，应特别谈判以下内容：

1）明确加工品的名称、品种、规格及交货状态。

2）明确加工用原材料的品种、规格，原料采购方式和供应时间。

3）确定加工品的数量、加工费用、原材料价格和最终产品价格。

4）确定加工品和原材料的技术性能和质量要求，明确技术标准和验收方法。

5）由需用方提供加工品样品的，确定样品提供时间及地点，由加工方按样品复制；需用方提供设计图纸资料的，明确图纸送达时间及交底时间，加工方必须按设计图纸加工；生产技术比较复杂要求先期试制的，明确样品试制周期和鉴定时间，待双方共同认为合格后才可成批生产。

6）确定原材料和加工品的运输办法及其费用负担。

7）确定加工品的交货地点、方式、办法，以及交货日期及其包装要求。

8）确定双方应承担的责任。加工单位对需用方提供原材料应负保管的责任，按规定质量、时间和数量完成加工品的责任；不得擅自更换需用方所提供原材料的责任；不得把加工品任务转让给第三方的责任。需用方按时、按质、按量提供原材料的责任；按规定期限付款的责任等。

业务谈判，一般要经过多次反复协商，在双方取得一致意见时，业务谈判即告完成。

（3）采购的成交

材料采购加工订货业务，经过与供应商反复酝酿和协商取得一致意见，履行供销手续后即成交。成交的形式，目前有签订购销合同、签发提货单据和现货现购等形式。

1）签订采购合同。需用方与供应商按双方协商确定的买卖意向，签订购（供）销合同，将双方所确定的有关事项用合同条款予以明确，以便双方执行。加工订货业务必须签订购销（加工）合同。

2）约时提货。由供应商签发提货单，需用方凭单在指定的仓库或堆放材料的栈道、在规定的期限内提取。提货单有一次签发和分期签发两种，由供需双方在成交时确定。

3）现货购买。需用方采购人员直接购买堆放在现场的材料或产品，当场取回货物。即所谓"一手付钱，一手取货"银货两讫的购买形式，或"先期提货，定期结算"的购买方式。

（4）采购的执行

采购成交后，因成交的方式不同所以执行方法亦不同。现货购买的成交，当场查验材料数量、品种、规格及外观质量，无误后即执行完毕。约时提货的形式，需到交货地点查验所采购材料或产品是否与谈判内容一致，履行协商确定的全部内容无误后执行完毕。凡签订采购合同的，按合同规定的供应期限到货时，由供需双方共同交接验收。

在交货和收货的执行阶段，应注意以下几项内容：

1）交货日期。供需双方应按规定的交货日期执行，合同临近执行期时应事先联络，出现问题及早处理。未按合同规定日期交货或提货，应作未履行合同处理。

2）验收。应由供需双方共同进行，按照合同条款要求验收。

3）交货地点。一般在供应方的仓库、堆场或收料部门事先指定的地点。供需双方应按照成交确定的或合同规定的交货地点进行交接。

4）交货方式。是指材料在交货地点的交货方式，有车、船交货方式和场地交货方式。由供方发货的车、船交货方式，应由供应企业负责装车或装船。

5）运输。供需双方应按成交确定的或合同规定的运输办法执行。委托供方代运或由供方送货的，如发生材料错发到货地点或错发接货单位，应立即向需方提出，并按协议规定负责运到规定的到货地点或接货单位，由此而多支付的运杂费用，应由供方承担；如需方地点填写错误或临时变更到货地点，由此而多支付的费用，应由需方承担。

（5）采购的结算

材料采购的结算，是以货币支付供应方材料和加工品价款及相关费用。一般包括材料或产品自身的价款，另外还可以有加工费、运输费、包装费、装卸费、保管费和其他税费。材料和加工品的结算分为同城结算和异地结算。

同城结算是指供需双方在同一个城市内的结算。它的结算方式有同城托收承付结算、委托银行付款结算、承兑汇票结算、支票结算和现金结算。异地结算是指供需双方在不同的城市间进行的结算。它的结算方式有异地托收承付结算、信汇结算、承兑汇票结算等。

1）托收承付。是由收款单位根据合同规定发货后，委托银行向付款单位收取货款，付款单位根据合同核对收货凭证和付款凭证无误后，在承付期内承付的结算方式。

2）信汇。是由收款单位在发货后，将收款凭证和有关发货凭证，用挂号函件寄给付款单位，经付款单位审核无误后，通过银行汇给收款单位。

3）委托银行付款。是由付款单位按采购和加工订货所需款项，委托银行从本单位账户中将款项转入指定的收款单位账户的一种同城结算方式。

4）承兑汇票。由付款单位开具在一定期限后才可兑付的支票付给收款单位，兑现期到后，由银行将所指款项由付款账户转入收款方账户。

5）支票。由付款单位签发支票，由收款单位通过银行，凭支票从付款单位账户中支付款项的一种同城结算方式。

6）现金结算。由采购持现金直接交供应方，但每笔现金金额不应超过当地银行规定的现金限额。

材料采购的结算，应按照中国人民银行结算办法规定办理。其结算方式和具体要求，应在成交或签订合同时具体规定，如结算方式、收/付款凭证、结算单位等。

在核付货款和费用时，应认真审核以下内容：

① 材料的名称、品种、规格和数量是否与实际收到的材料或产品验收单相符。

② 单价是否按合同规定的价格执行。

③ 委托采购和加工订货方代付的各项费用是否扣除。

④ 收款凭证和手续是否齐全。

⑤ 总金额经审核无误后，通知财务部门付款。

当发现到货内容与合同规定条款不符，或凭证不齐、手续不全等情况时，应退回收款单位更正、补齐凭证和手续后才能付款。如果采取托收承付结算的，可以采取部分或全部拒付货款。

3. 补偿贸易

通过补偿贸易获得资源。通常是指施工企业与建材或产品的生产企业建立补偿贸易关系。由施工企业提供部分或全部资金，用于建材生产企业新建、扩建、改建生产设施，并以其产品偿还施工企业的投资。补偿贸易方式可以建立长期稳定的资源基地，有利于开发新材料、新品种，促进建材生产企业提高产品质量和工艺水平。

4. 联合开发

通过联合开发获得资源。是指施工企业与材料生产企业按照不同的生产特点和产品特点，走合资经营、联合生产、产销联合和技术协作等多种协作方式，开发更宽的资源渠道。合资经营，是指建筑施工企业与材料生产企业共同投资，共同经营管理，共担风险，共享收益。这种方式不仅可以稳定资源，也可扩大施工企业的经营范围。联合生产，是由建筑施工企业提供生产技术或生产原料或生产场地，将产品的生产过程分解到材料生产企业，所生产的产品由施工企业负责全部或部分销售。产销联合，是指由施工企业与材料生产企业之间在生产和销售中的协作，施工企业需用的材料，由材料生产企业提供。技术协作，是指企业间有偿地转让技术成果、工艺技术或提供技术咨询、人员培训，以生产的材料偿付其劳动支出的合作形式。

5. 购销新模式、新平台

随着市场经济的深入发展，随着金融产品的日益丰富，特别是计算机网络技术和资金流转平台的发展，使采购与销售之间的连接形式和操作平台更加丰富和多样化。建筑业"走出去"战略使国内许多建筑施工企业在经济交往和业务合作中学习到了更多的建设工程制造模式，EPC、BOT、BT、PPP 等，材料采购伴随其中也出现了多种的合作或运营方式。即使是以承包施工为主要内容的工程建造业务，也会因属地建材市场的发育程度而不局限于传统的采购方式。国内建筑市场采购方式的多样化最先来自于私人住宅及装饰装修的 DIY（Do It Yourself），使建筑工程材料特别是装饰材料首先迈入了新营销模式和新平台购销。

（1）EPC（Engineering 设计 Procurement 采购 Construction 建造）

1）EPC 项目的含义

是指受业主委托，按照合同约定对工程建设项目的设计、采购、施工、试运行等实行全过程或若干阶段的承包。通常体现为公司在总价合同条件下，对所承包工程的质量、安全、费用和进度负责。在国内同行业中也称之为交钥匙工程、设计采购施工一体化。这种做法与说法，表明其与传统的单纯提供建筑施工生产服务模式相比，有了更广泛的内容。

2）EPC 项目的运作程序

① 确定方案。由招标人提出项目建设的必要性，确定项目需要达到的目标。

② 立项。由招标人向计划管理部门上报《项目建议书》或《可行性研究报告》，取得批复文件或者同意进行项目融资招标的文件。

③ 招标准备。由招标人完成以下工作：成立项目办公室；聘请中介机构；研究项目技术问题，明确技术要求；准备资格预审文件；设计项目结构，落实项目条件；编写招标文件，制定评标标准。

④ 资格预审。由招标人完成以下工作：发布招标公告。发售资格预审文件。组织资格预审。通知资格预审结果，发出投标邀请书。由 EPC 投标人完成以下工作：获取项目招标信息。购买资格预审文件。编写并递交资格预审文件。

⑤ 发布招标文件。

由招标人完成以下工作：编写并发售招标文件。标前答疑，组织现场考察。提供项目基础资料（按 EIK2 投标人列出清单），满足设计、采购、施工和试车的依据要求。

由 EPC 投标人完成以下工作：购买招标文件。研究招标文件，向招标人提问（列出基础资料清单，提出内容要求）。参加现场考察。编制投标设计方案。设计方案专家评审。编制投标书施工方案。施工方案专家评审。主要设备厂家资质、业绩考察评审。施工单位资质、业绩考察评审。编制设备采购标的。编制施工投标标的。设备采购招标、安装招标、施工招标。确定采购、安装、施工、调试、专业分包、草签合同。编制商务投标书。编制技术投标书。组成 EPC 投标书，并按时递交。

⑥ 评标与决标。由招标人完成以下工作：对有效标书进行评审。选出中标候选人。EPC 投标人回答、澄清评标委员会的提问。

⑦ 合同谈判。由招标人和 EPC 投标人共同完成以下工作；按照排序与中标候选人就

全部合同和协议的条款、条件进行谈判，直至双方完全达成一致。草签 EPC 总承包合同和协议。

⑧ 项目实施。

由招标人完成以下工作：协助工程公司实施项目。对项目的设计、建议采购、试车进行检查和监督。对施工、安装单位的确认。对设备采购清单的确认，主要是厂家型号标准的确认。对工程项目计划、进度计划进行审批确认。对专业分包的确认。对试车计划调试方案的审批。提供一切施工需要的水源、电源、气源。提供被培训的人员。接受应该移交的设施。

由 EPC 投标人完成以下工作：设计与设计管理。以细化和优化为主线，主要对设计质量、设计数据、设计文件、设计标准、设计统一规定、项目的基础资料和项目设计数据、设备和散装材料请购文件的编制等方面进行管理与控制。设备采购控制。重点是按照采购与设计、采购与施工、采购与项目控制部门的接口，对项目采购计划和采购进度计划、采买、催交、检验、运输、项目采购合同、材料控制、库房管理等方面进行管理与控制。施工管理与控制。按照现场施工管理与公司管理部门与设计部门与采购部门的接口，对施工的招标投标、施工计划、施工工期、施工费用、施工质量、施工安全、施工材料、施工技术、施工合同、专业分包、施工资料、完工报告等方面进行管理与控制。试车的控制与管理。设计、采购、施工的各项工作是工程建设的系统工程，任何一项工作的失误必然要反映到试车中来，有时会造成难以挽回的后果。因此 EPC 总承包在设计、采购、施工中已全面贯彻了试车的准备工作，在试车阶段重点是控制管理好试车计划，以试车计划的编制和阶段性计划为主要内容，编制操作手册和试车方案。抓好人员培训主要是生产工艺人员和辅助人员的培训，人员考核，预试车准备，预试车、投料试车、安全工作等。

3）EPC 模式的优劣势

这种方式的优势是：可以充分发挥设计在建设过程中的主导作用，使工程项目的整体方案不断优化，有利于克服设计、采购、施工相互制约和脱节的矛盾，使设计、采购、施工各环节的工作合理交叉，确保工程进度和质量。同时，相应的专业化工程公司和项目管理公司有与项目管理和工程总承包相适应的机构、功能、经验、先进技术、管理方法和人力资源，对建设项目的前期策划与项目定义，对项目实施的进度、费用、质量、资源、财务、风险、安全等建设全过程实行动态、量化管理和有效控制，有利于达到最佳投资效益，实现业主所期待的目标。对于建设项目投资大、技术含量高、工程建设复杂、工期要求紧、施工风险高的建设项目可以采用 EPC 总承包模式。这种方式可以让设计＋采购＋施工更顺畅的沟通协调，达到资源分配更合理，提高施工速度。试想如果这三项由不同公司负责，他们会更多以各自的利益及出发点为基准，必然会增加协商的难度而降低建设效率。

这种方式的缺点是：一家企业完成全部任务，风险相对集中。而且企业为具备全部的能力，机构设置和人员规模较大，管控体系要求高，一旦运转不畅则成本大、工作效率低。目前，当遇有较大的 EPC 工程时，许多企业尝试通过多企业组成联合体的形式实施，在一定程度上缓解了上述矛盾。同时，EPC 大多采用总价合同，通常情况整个过程产生的费用和招标价差距比较大。

（2）BOT（Build 建设 Operate 经营 Transfer 转让）

1）BOT 模式的含义

是指投资方与政府签订协议，由政府给投资方提供一个项目或工程（通常为基础设施项目），允许其在特定时期（特许期）内进行项目设计、融资、建设、运营，回收成本、偿还债务、赚取利润，并在特许期结束后将此项目交还政府。广义的 BOT 投资还包括 BOOT（Build-Own-Operate-Transfer）（投资者在特许期内对项目或工程拥有所有权）BOO（Build-Own-Operate）（并不将项目或工程移交给政府）等形式。

2）BOT 模式的运作程序

由项目所在地方政府或所属机构为项目的投资者提供一种特许权协议，作为项目融资的基础，由政府或企业或投资机构作为项目的投资者和经营者安排融资，承担风险，开发建设项目，并在有限的时间内经营项目获取商业利润，最后根据协议将该项目转让给相应的政府机构。这种模式最早起源于大型公共设施的建造，有利于缓解建设项目需求过旺与政府投资不足之间的矛盾，进而逐渐成为社会分工逐渐细化，各环节机构联合创业，资本与资产结构转化和配置优化的产物。

3）BOT 模式的优劣势

① 缓解政府或所属机构资金不足。大规模的基础设施建设往往需要大量资金投入，面对巨额的投资支出，政府资金往往一时难以周转。而另一方面，基础设施项目可能带来的巨大利润则可以吸引众多的其他资本，从而减轻政府的财政负担，缓解资金短缺与快速发展之间的矛盾。

② 在不影响政府对该项目所有权的前提下，分散投资风险。在融资方面，采用 BOT 投资建设的基础设施项目，其融资的风险和责任均由投资方承担，可大大地减少政府或所属机构的风险。在工程的施工、建设、初期运营阶段，各种风险发生的可能性是极大的。若采用 BOT 投资模式，吸引其他资本投资，相应的风险由项目的投资方、承包商、经营者来承担。这样，不仅可以大大降低政府所承担的风险范围，也有利于基础设施项目的成功。

③ 有利于引进先进技术及管理方法。通过将项目交给投资方首先经营，可学习借鉴先进的外来技术和管理经验，加快工程的建设，提高项目的运营效率。同时，参与基础设施项目的建设者通过学习与借鉴，可以改进其他项目的投资、经营、管理，与市场接轨。从项目投资者的角度来讲，可以涉足政府管辖的区域和市场，获取一定的利润，还可以带动投资者其他产品的销售和资源输出。

对于政府或所属机构来说，BOT 投资模式会面临招标问题、政府的风险分担问题，以及融资成本和其他经济问题等；同时在特许期内，政府将失去对项目所有权、经营权的控制。但对于项目公司来说，BOT 则意味着可能面临着更多的风险：

① 政治风险。政府的政局不稳定或在特许期突发政治状况等，均可能对项目投资方造成极为不利的影响。如战争、重大规划调整等以及政府政策和法律的变化等。政治风险是 BOT 投资中所面临的最大风险，它的影响力超过其他任何一种风险。当然，政治风险可以通过事先采取与政府签订特许协议的方法加以规避。若在特许期由于政治风险对投资项目造成损失，应该由政府给予合理的补偿；承包商也可以在投资期通过投保政治风险保险，在风险发生时得到及时的补偿。

② 利率和汇率风险

国外投资者的汇率和国内投资者的利率关系到项目投资的成本，而且有时变动有很大的不可预见性，其波动可能直接或间接地造成项目的收益损失。如果采用固定汇率制度，远期市场利率上升会造成生产成本上升，远期市场利率下降会造成机会成本增加。因此应尽量选择某一浮动利率为基数，加上利差，作为贷款利率来规避利率波动带来的风险。汇率波动会对投资方债务结构产生影响，会直接影响项目的偿债能力和直接收入，也会影响到各项财务指标，从而产生汇率风险。为规避此风险，东道国政府应与项目投资人签订远期兑换合同，事先规定远期汇率。

③ 融资成本较高，项目的收益要求高。由于 BOT 项目的总投资规模相当大，公司的自有资金一般只占 20%～30%，其余的 70%～80%资金来源为银行贷款或发行企业债券募集到的资金，因此融资成本相当高。项目的收益既要弥补融资成本，同时要保证有一定的利润，因此对项目本身收益率的要求也很高。

④ 投资额巨大，收益具有不确定性。这是 BOT 投资项目的另一个巨大风险。一般 BOT 项目都是基础设施建设项目，总投资一般在十亿元以上，并且建设周期长，投资回收期长，且收益具有不确定性，因此风险很大。

⑤ 程序复杂，合同文件繁多。由于涉及的是大型基础设施建设，BOT 投资方式是一个相当复杂的工程，涉及的当事人很多，需要签订大量的合同、协议、保险协议等，企业必须花费大量的精力去做这些工作。

(3) PPP (Public—Private—Partnership)

1) PPP 模式的含义

PPP 可直译为公私合营模式。是指政府与私人组织之间，为了合作建设城市基础设施项目，或是为了提供某种公共物品和服务，以特许权协议为基础，彼此之间形成一种伙伴式的合作关系，并通过签署合同来明确双方的权利和义务，以确保合作的顺利完成，最终使合作各方达到比预期单独行动更为有利的结果。

公私合营模式（PPP），以其政府参与全过程经营的特点受到国内外广泛关注。PPP 模式将部分政府责任以特许经营权方式转移给社会主体（企业），政府与社会主体建立起"利益共享、风险共担、全程合作"的共同体关系，政府的财政负担减轻，社会主体的投资风险减小。PPP 模式比较适用于公益性较强的废弃物处理或其中的某一环节，如有害废弃物处理和生活垃圾的焚烧处理与填埋处置环节。这种模式需要合理选择合作项目和考虑政府参与的形式、程序、渠道、范围与程度，这是值得探讨且令人困扰的问题。

2) PPP 模式的运营方式

广义 PPP 可以分为外包、特许经营和私有化三种：

外包类。一般是由政府投资，私人部门承包整个项目中的一项或几项职能，例如只负责工程建设，或者受政府之托代为管理维护设施或提供部分公共服务，并通过政府付费实现收益。在外包类 PPP 项目中，私人部门承担的风险相对较小。

特许经营类。项目需要私人参与部分或全部投资，并通过一定的合作机制与公共部门分担项目风险、共享项目收益。根据项目的实际收益情况，公共部门可能会向特许经营公司收取一定的特许经营费或给予一定的补偿，这就需要公共部门协调好私人部门的利润和项目的公益性两者之间的平衡关系，因而特许经营类项目能否成功在很大程度上取决于政府相关部门的管理水平。通过建立有效的监管机制，特许经营类项目能充分发挥双方各自的优势，节约整个项目的建设和经营成本，同时还能提高公共服务的质量。项目的资产最终归公共部门保留，因此一般存在使用权和所有权的移交过程，即合同结束后要求私人部门将项目的使用权或所有权移交给公共部门。

私有化类。PPP 项目则需要私人部门负责项目的全部投资，在政府的监管下，通过向用户收费收回投资实现利润。由于私有化类 PPP 项目的所有权永久归私人拥有，并且不具备有限追索的特性，因此私人部门在这类 PPP 项目中承担的风险最大。

3）PPP 模式的优劣势

① 可消除费用的超支。在项目初始阶段，私人企业与政府共同参与项目的识别、可行性研究、设施和融资等项目建设过程，保证了项目在技术和经济上的可行性，缩短前期工作周期，使项目费用降低。PPP 模式只有当项目已经完成并得到政府批准使用后，私营部门才能开始获得收益，因此 PPP 模式有利于提高效率和降低工程造价，能够消除项目工期风险和资金风险。与传统的融资模式相比，PPP 项目可为政府部门节约 17％的费用，并且建设工期都能按时完成。

② 有利于转换政府职能，减轻财政负担。政府可以从繁重的事务中脱身出来，从过去的基础设施公共服务的提供者变成一个监管的角色，从而保证质量，也可以在财政预算方面减轻政府压力。

③ 促进了投资主体的多元化。利用私营部门来提供资产和服务能为政府部门提供更多的资金和技能，促进了投融资体制改革。同时，私营部门参与项目还能推动在项目设计、施工、设施管理过程等方面的革新，提高办事效率，传播最佳管理理念和经验。

④ 政府部门和民间部门可以取长补短，发挥政府公共机构和民营机构各自的优势，弥补对方身上的不足。双方可以形成互利的长期目标，可以最有效的成本为公众提供高质量的服务。

⑤ 使项目参与各方整合组成战略联盟，对协调各方不同的利益目标起关键作用。

⑥ 风险分配合理。与 BOT 等模式不同，PPP 在项目初期就可以实现风险分配，同时由于政府分担一部分风险，使风险分配更合理，减少了承建商与投资商风险，从而降低了融资难度，提高了项目融资成功的可能性。政府在分担风险的同时也拥有一定的控制权。

⑦ 应用范围广泛，该模式突破了引入私人企业参与公共基础设施项目组织机构的多种限制，可适用于城市供热等各类市政公用事业及道路、铁路、机场、医院、学校等。

PPP 模式相对于传统的工程建设项目，经营周期长，融资风险大，财务成本较高。对于由大型综合建筑承包商参与 PPP 项目时，需要企业具备较强的金融、资产、投资、建造和运营能力，需要与政府和社会金融、法律、保险等机构有深度的合作能力方能发挥综合优势。

（4）B2B（Business 企业—To—Business 企业）

1）B2B 的含义

是企业与企业之间通过互联网进行产品、服务及信息的交换。B2B 模式是电子商务中历史最长、发展最完善的商业模式。它的利润来源于相对低廉的信息成本带来的各种费用的下降，以及供应链和价值链整合的好处。传统企业间的交易往往要耗费企业的大量资源和时间，无论是销售和分销还是采购都要占用产品成本。通过 B2B 的交易方式买卖双方能够在网上完成整个业务流程，从建立最初印象，到货比三家，再到讨价还价、签单和交货，最后到客户服务。B2B 使企业之间的交易减少了许多事务性的工作流程和管理费用，降低了企业经营成本。网络的便利及延伸性使企业扩大了活动范围，跨地区跨国界经营更方便，成本更低廉。B2B 不仅仅是建立一个网上的买卖者群体，它也为企业之间的战略合作提供了基础。任何一家企业，不论它具有多强的技术实力或多好的经营战略，要想单独实现 B2B 是完全不可能的。单打独斗的时代已经过去，企业间建立合作联盟逐渐成为发展趋势。网络使得信息通行无阻，企业之间可以通过网络在市场、产品或经营等方面建立互补互惠的合作，形成水平或垂直形式的业务整合，以规模、实力、运作真正达到全球运筹管理的模式。

2）B2B 的运营模式

B2B 有四种形式，分别是垂直 B2B、水平 B2B、自建 B2B 及关联行业 B2B 模式。

① 垂直 B2B。可以分为两个方向，即上游和下游。生产商或商业零售商可以与上游的供应商之间形成供货关系，比如 Dell 电脑公司与上游的芯片和主板制造商就是通过这种方式进行合作。生产商与下游的经销商可以形成销货关系，比如 Cisco 与其分销商之间进行的交易。

② 水平 B2B。是将各个行业中相近的交易过程集中到一个场所，为企业的采购方和供应方提供了一个交易的机会。

③ 自建 B2B。大型行业龙头企业基于自身的信息化建设程度，搭建以自身产品供应链为核心的行业化电子商务平台。行业龙头企业通过自身的电子商务平台，串联起行业整条产业链，供应链上下游企业通过该平台实现资讯沟通与交易。但此类电子商务平台过于封闭，缺少产业链的深度整合。

④ 关联行业 B2B 模式。是相关行业为了提升电子商务交易平台信息的广泛程度和准确性，整合综合 B2B 模式和垂直 B2B 模式而建立起来的跨行业电子商务平台。

B2B 只是企业实现电子商务的一个开始，它的应用将会得到不断发展和完善，并适应所有行业的企业需要。

3）B2B 模式的优劣势

垂直专业 B2B（Vertical B2B）平台将成为未来中国 B2B 市场的后发力量，有巨大发展空间。此类平台主要有两大优势：一是专：集中全部力量打造专业性信息平台，包括以行业为特色或以国际服务为特色。二是深：此类平台具备独特的专业性质，在不断探索中将会产生许多深入且独具特色的服务内容与盈利模式。

由于建筑材料采取 B2B 模式时间不长，经验积累不足，还存在着许多风险和不足。一是行业规模问题，困扰行业垂直类 B2B 网站的首要问题就是行业规模问题。行业网站，顾名思义，就是只专注于某个行业，其规模必然会受到限制；同时垂直网站当它的那个行业正好受到市场的冲击时，对企业的打击影响特别大，对一些小企业甚至可能造成毁灭性的打击。其次是产业链问题。产业链中大量存在着上下游关系和相互价值的交换，上游环节向下游环节输送产品或服务，下游环节向上游环节反馈信息。在行业垂直类 B2B 中存在着一个比较严重的问题即产业链断裂的问题。比如，在一个轴承网站上，上面几乎都是生产轴承的企业，但其实轴承采购商不一定知道这个网站，这种现象在越细分的行业问题越严重。

（5）B2C（Business 企业—to—Customer 客户）

1）B2C 的含义

中文简称为"商对客"。"商对客"是电子商务的一种模式，也就是通常说的直接面向消费者销售产品和服务的商业零售模式。这种形式的电子商务一般以网络零售业为主，主要借助于互联网开展在线销售活动。B2C 即企业通过互联网为消费者提供一个新型的购物环境，消费者通过网络在网上购物、网上支付等消费行为。

2）B2C 的运营模式

① 综合商城。就如我们平时进入现实生活中的大商城一样，它依托于稳定的网站平台，它有庞大的购物群体，有完备的支付体系，诚信安全体系，促进了卖家进驻卖东西，买家进去买东西。在人气足够、产品丰富、物流便捷的情况下，其成本优势明显。同时具有二十四小时不打烊，无区域限制等优势，体现着网上综合商城的特色。

② 百货商店。卖家只有一个，即是满足日常消费需求的丰富产品线。这种商店拥有自己的仓库，能库存系列产品，以备更快地物流配送和客户服务。这种店甚至会有自己的品牌。

③ 垂直商店。产品存在着更多的相似性，要么是满足于某一人群的，要么是满足于某种需要，或某产品的平台（如电器）。垂直商店的多少取决于市场的细分。

④ 复合品牌店。随着电子商务的成熟，会有越来越多的传统品牌商加入电商战场，以抢占新市场、拓充新渠道、优化产品与渠道资源为目标。

⑤ 轻型品牌店。找出自己的核心竞争力，其他让更强的人来承担。

⑥ 服务型网店。为了满足人们不同的个性需求，代为办理定制的需求及事项。

⑦ 导购引擎型。使购物具有趣味性、便捷性。诸多购物网站都推出了购物返现，少部分推出了联合购物返现，以用来满足消费者的个性需求。许多消费者已不单单满足直接进入 B2C 网站购物了，购物前都会通过一些网购导购网站。

⑧ HDIY 定制型。满足个性商品的定制业务。很多客户看中商品的可能仅仅是商品的某一点，但是却不得不花钱去购买整个商品，而商品定制就恰恰能解决这一问题，让消费者参与商品的设计中，能够得到自己真正需要和喜欢的商品。

3）B2C 运营模式的优劣势

B2C 模式对于用户来说选择性大，可以货比三家。可以足不出户就能满足购物需要，大大方便了购销活动。由于网上经营成本相对于实体店铺更低，很多网购是去掉中间商环节才使商品价格相对较低。综合经营成本具有优势。

B2C 模式需要商家配置网络维护和在线服务的资源，这与传统销售是完全不同的能力和专业。如果服务不到位会影响信誉。与此同时，不看到实物很难确认商品质量，因不直接接触可能会出现商品质量参差不齐。由于经营成本低导致商家信誉没有保证。因运输需要时限，相比直接去附近商场购买时间要长，运输过程中可能发生损坏。

（6）C2C（Customer 个人 to Customer 个人）

1）C2C 的含义

是个人与个人之间的电子商务。比如一个消费者有一台电脑，通过网络进行交易，把它出售给另外一个消费者，此种交易类型就称为 C2C 电子商务。

2）C2C 的运营模式

① 会员费。是会员制服务收费，是指 C2C 网站为会员提供网上店铺出租、公司认

证、产品信息推荐等多种服务组合而收取的费用。由于提供的是多种服务的有效组合，比较能适应会员的需求，因此这种模式的收费比较稳定。费用第一年交纳，第二年到期时需要客户续费，续费后再进行下一年的服务，不续费的会员将恢复为免费会员。不再享受多种服务。

② 交易提成。交易提成不论什么时候都是 C2C 网站的主要利润来源。因为 C2C 网站是一个交易平台，它为交易双方提供机会，就相当于现实生活中的交易所、大卖场，从交易中收取提成是其市场本性的体现。

③ 广告费。企业将网站上有价值的位置用于放置各类型广告，根据网站流量和网站人群精度标定广告位价格，然后再通过各种形式向客户出售。如果 C2C 网站具有充足的访问量和用户黏度，广告业务会非常大。但是 C2C 网站出于对用户体验的考虑，均没有完全开放此业务，只有个别广告位不定期开放。

④ 搜索排名竞价。C2C 网站商品的丰富性决定了购买者搜索行为的频繁性，搜索的大量应用就决定了商品信息在搜索结果中排名的重要性，由此便引出了根据搜索关键字竞价的业务。用户可以为某关键字提出自己认为合适的价格，最终由出价最高者竞得，在有效时间内该用户的商品可获得竞得的排位。只有卖家认识到竞价为他们带来的潜在收益，才愿意花钱使用。

⑤ 支付环节收费。支付问题一向就是制约电子商务发展的瓶颈，直到阿里巴巴推出了支付宝，才在一定程度上促进了网上在线支付业务的开展。买家可以先把预付款通过网上银行打到支付公司的个人专用账户，待收到卖家发出的货物后，再通知支付公司把货款打入到卖家账户，这样买家不用担心收不到货还要付款，卖家也不用担心发了货而收不到款。而支付公司就按成交额的一定比例收取手续费。

3）C2C 模式的优劣势

C2C 模式迅速扩大了商品交易场所，使更多的交易人参与经营活动，实现了更多创业群体的梦想。个性化服务特色突出，C2C 最典型的案例是淘宝网。其销售数量、成长速度及推出的销售活动已充分展示了 C2C 模式的时代特征。

但是，随着后续不断开发出新的交易平台，提供更具特色的服务，特别是当经营规模超大后，对小商户的关注与服务，对销售产品知识产权的保护，甚至对销售违禁产品的限制，防止平台的被违法利用等，都成为 C2C 模式管控的难点。

(7) O2O（Online 线上 to Offline 线下）

1）O2O 的含义

又称离线商务模式，是指在营销线上购买或预订（预约）带动线下经营和线下消费。O2O 通过提供信息、服务预订等方式，把线下商品的消息推送给互联网用户，从而将他们转换为自己的线下客户。这种模式将线下商务的机会与互联网结合在了一起，让互联网成为线下交易的前台。这样线下服务就可以用线上来影响采购者，消费者可以用线上来筛选服务，可以在线交易并结算。该模式最重要的特点是：推广效果可查，每笔交易可跟踪。

2）O2O 的运营方式

O2O 的运营突破了传统营销中的买方和卖方的"双方"角色，而出现了大量的第三方服务或外包，如交易平台、结算平台、运输方等，最广泛地将社会资源整合在一项交易之中。

① 对用户而言，可获取更丰富、全面的商家及其服务的内容信息，可便捷地向商家在线咨询并进行预售。能获得相比线下直接消费较为便宜的价格。

② 对商家而言，可以利用平台和在线交流更多地一对一宣传产品和服务，通过视频、照片、资料、口碑等更多、更详细地向用户展示产品和服务，从而吸引更多新客户到店消费。同时推广效果可查、每笔交易可跟踪。可掌握用户数据，大大提升对老客户的维护与营销效果。通过用户的沟通、释疑更好地了解用户心理。通过在线有效预订等方式，合理安排经营节约成本。对拉动新品、新店的消费更加快捷。降低线下实体对黄金地段旺铺的依赖，大大减少租金支出。

③ 对交易和结算平台而言，能给用户带来便捷、优惠、消费保障等作用，能吸引大量高黏性用户。对商家有强大的推广作用及可衡量的推广效果，可吸引大量线下服务商家加入，数倍于 C2C、B2C 的现金流。巨大的广告收入空间及形成规模后更多的盈利模式。

3）O2O 模式的优劣势

O2O 的优势在于把线上和线下的优势完美结合。通过导购机，把互联网与地面店完美对接，实现互联网落地。让消费者在享受线上优惠价格的同时，又可享受线下贴身的服务。同时，O2O 模式还可实现不同商家的联盟。

① O2O 模式充分利用了互联网跨地域、无边界、海量信息、海量用户的优势，同时充分挖掘线下资源，进而促成线上用户与线下商品与服务的交易，团购就是 O2O 的典型代表。

② O2O 模式可以对商家的营销效果进行直观的统计和追踪评估，规避了传统营销模式推广效果的不可预测性。O2O 将线上订单和线下消费结合，所有的消费行为均可以准确统计，进而吸引更多的商家进来，为消费者提供更多优质的产品和服务。

③ O2O 在服务业中具有优势，价格便宜，购买方便，且折扣信息等能及时获知。将拓宽电子商务的发展方向，由规模化走向多元化。

④ O2O 模式打通了线上线下的信息和体验环节，让线下消费者避免了因信息不对称而遭受的"价格蒙蔽"，同时实现线上消费者"售前体验"。让线上的流量充分得到利用，从而提高转化率，与客户建立信任。

从目前运营的 O2O 来看，也存在着一定的不足。如先付钱才能消费，加大了维权的难度。O2O 线上难以控制线下服务的质量，一旦出现纠纷如何协调，对各方都是考验。对价格来说，线下价格如果与线上价格相同，用户更倾向线下交易而影响线上交易量；如果线下价格与线上价格不一致，也将带来一定的不确定性。

O2O 简化了中间渠道，使得整个物品或服务的流转成本大大降低。将线上的消费者带到现实商店中，让互联网成为线下交易的前台，O2O（Online to Offline）这种模式正成为一种潮流。

（三）材料采购的管理

从事材料采购，除了要掌握采购过程各环节的专业技能外，还必须熟悉与采购活动不可分割的经济、管理、法律、财税等基础知识。包括收集和处理采购信息，采购合同的起草和谈判，采购批量的确定等。

1. 材料采购信息管理

建筑材料市场发展的直接结果是材料品种、规格、质量、产地、价格、供应渠道、结算方式等多种因素的巨大差异。面对铺天盖地的资源信息，如何甄别和选取，是材料采购所面临的首要问题。随着信息载体的多样化，撷取信息的手段对材料采购提出了更高的要求。

材料采购信息是企业材料经营决策的依据，是完成材料采购业务的基础资料，是进行资源开发，扩大资源渠道的条件。

（1）信息的种类

按照信息的内容分，材料采购信息一般有以下几种：

1）资源信息

包括资源的总体分布、生产和流通。了解材料在我国国民经济中的产业地位，资源的产业发展政策，掌握材料生产企业的生产能力、产品结构和产品质量，对其技术发展、销售策略，甚至其原材料基地、生产用燃料和动力的保证能力、生产工艺水平、生产设备等信息掌握得越详细，则业务判断能力越强。包括材料流通企业的规模和经营范围，运输、储备能力及相关设施配备，销售人员的个人素质和分配体制。

2）供应信息

主要指材料管理体制信息。例如基本建设管理体制，建筑企业内部材料采购供应管理体制，工程项目承建方式和核算方式，同行业材料管理体制的变化情况。这些信息都影响着材料供应方式、供应手段和供应效果。

3）价格信息

了解国家现行价格政策，熟悉生产企业出厂价格、销售价格、批发价格，市场交易价格、挂牌价格。对价格的形成、组成要素、优惠方法及变化要做到心中有数。掌握地区建筑主管部门颁布的预算价格，国家公布的外汇交易价格。

4）市场信息

包括市场分布状况及占有率，市场投资主体及市场规模。市场资源的主要来源渠道，提供材料的生产企业资质情况及供应能力。市场供求现状及变化趋势，国家有关生产资料市场的各项法规法令。

5）新技术、新产品信息

包括建筑施工和建筑材料的新技术、新产品和新工艺。应了解主要技术指标、性能参数及其更新程度，了解应用方法和使用范围的变化，熟悉对使用环境的要求和可能产生的质量、成本影响，掌握对原技术、产品和工艺的可替代程度等。

6）政策信息

包括各级政府、行业主管部门、专业管理部门颁布的各种政策、法规和规章，对执行和实施的范围及对材料采购可能产生的影响等。

（2）信息的来源

材料采购信息具有时效性，即传输速度要快，处理效率要高，失去时效也就失去了使用价值。同时也应具有可靠性，有可靠的原始数据，切忌道听途说，以免造成决策失误。信息应具有一定的可适用性，反映或代表一定的倾向性。因此，在收集信息时，应力求广泛，其主要途径有：

1）各种报纸、杂志和专业性商业情报刊载的资料。

2）有关学术、技术交流会提供的资料。

3）各种供货会、展销会、交流会提供的资料。

4）广告资料，网络信息。

5）各政府部门发布的计划、通报及情况报告。

6）采购人员提供的资料及自行调查取得的信息资料。

（3）信息的整理

为了高速、有效地采集信息、利用信息，企业应建立信息管理系统，并应用计算机和网络技术管理，随时进行更新、检索、查询和定量分析。整理采购信息常用的方法有：

1）运用统计报表的形式进行整理，按照需用的内容，从有关资料、报告中取得有关数据。分类汇总后，得到想要的信息。例如根据历年材料采购业务工作统计，可整理出企业历年采购成本及其增长率，各主要采购对象合同兑现率等。

2）建立信息资料库，对某些较重要的、经常变化的信息做好动态记录，以反映该信息的发展状况。例如建立各工程项目采购商供应台账，随时可以查询采购供应完成程度及供应商服务状况。

3）以调查报告的形式，就某一类信息进行全面的调查、分析和预测，为企业经营决策提供依据。例如针对是否扩大企业经营品种，是否改变材料采购供应方式等展开调查，通过对市场资料的了解，通过同行业采购效果的比较，得出"是"或"否"的结论，为企业调整经营方式、方法提供参考。

（4）信息的应用

搜集、整理信息是为了使用信息，为企业采购业务服务。信息经过整理后，应迅速反馈有关部门，以便进行比较分析和综合研究，制定合理的采购策略和方案。

通常情况下信息的使用依赖于企业的决策，因此提供信息的准确程度、可靠性及适用性，影响着企业决策，影响着信息是否能真正发挥有效作用。

2. 材料采购合同的管理

材料采购合同是供需双方为了有偿地转让一定数量的材料，明确双方的权利和义务关系，依照法律规定而达成的协议。合同依法签订即具有法律效力。

（1）签订材料采购合同的原则

1）遵守国家法律，符合国家政策和要求。只有这样，合同才具有法律效力，双方权益才受保护。

2）平等互利，协商一致，等价有偿。供需双方权利与义务对等，任何部门和个人不得非法干预。

（2）材料采购合同的主要条款

材料采购（包括加工订货）合同，应写明供需双方协商同意的全部内容。口头的承诺也必须以文字形式写入合同，以保护双方的利益。材料采购合同通常应包括以下十二项内容。

1）名称（牌号、商标）、品种、规格、型号、等级。

2）质量标准和技术标准。

3）数量和计量单位。

4）包装标准、包装费用及包装物品的使用办法。

5）交货单位、交货方法、运输方式、到货地点（包括专用线、码头）。

6）接（提）货单位和接（提）货人。

7）交（提）货时间。

8）验收地点、验收方法和验收工具的要求。

9）单价、总价及其他费用。

10）结算方式，开户银行，账户名称，账号，结算单位。

11）违约责任。

12）双方协商同意的其他事项。

（3）合同的管理

签订材料采购合同，仅仅是纸上落实了资源，要想最终获得实物资源，还应注意合同的管理和日常监控，确保合同如约履行。

1）合同的复查　合同签订后，应对合同内容进行审查，发现问题及时向主责部门提出，采取相应措施或加以更正。

2）做好合同的监督和执行　材料采购合同适宜集中管理，而且应建立合同管理台账，做好动态监督。按其进展时间提醒和通知计划、运输、仓库、财务有关各方，以便安排运输，结算和供应工作。对于将到期的合同应与供方取得联系，确保按期执行。对已到期甚至超期而未兑现的合同，应用公函、电话、电报等方式催促和询问，也可派人前往联系，及时解决合同执行中的问题，督促合同执行。

3）合同的变更和解除　材料采购合同依法律程序一经签订，便具有法律效力，不得随意变更和解除，也不能因承办人或法人的变更而变动。但如果一方或双方的情况发生变化而不能按合同中某些或全部内容执行时，在不影响双方生产经营、不损害国家利益的前提下协商同意，也可变更合同内容乃至解除合同，但需要到合同管理部门或公证机构办理手续。若合同的变更或解除使一方遭受损失，除依法可以免除的责任之外，应由损失责任方负责赔偿。

4）违反合同的责任处理　材料采购合同在执行过程中，发生违反合同规定的条款并造成经济损失时，应承担经济责任或法律责任。按照《中华人民共和国合同法》有关规定，发生违反合同的经济责任时，由供需双方协商解决；协商不成，可向国家规定的合同管理机关申请调解或仲裁，也可通过法律程序解决。

（4）签订合同应注意的问题

1）签订合同前，应对对方进行资质审查，看其是否具有货物或货款的支付能力及其信誉情况，避免欺诈合同、皮包合同，防止倒卖合同或虚假合同的签订。

2）签订合同应使用企业、事业单位公章或合同专用章，并有法定代表（理）人签字或盖章。不能使用计划、财务等其他业务章代替。

3）不能以产品订购单或调拨单代替合同。重要合同要经工商行政管理部门签证或经公证机关公证。

4）签订合同的时间和地点都要写在合同内。

5）双方名称应使用全称，即公章上名称；地址电话书写不得有误。

6）补偿贸易合同必须由供方（即付款方）担保单位实行担保。

3. 材料采购资金的管理

材料采购过程也伴随着材料流动资金的运动过程。材料流动资金运用情况，决定了材料管理部门的创利水平，也在很大程度上影响着企业的经济效益。因此材料采购资金的管理，就是挖掘资金的最大潜力，充分发挥现有资金的作用，通过多种渠道融通资金，通过多种方式解决资金需求。

材料采购资金主要包括两方面，一是采购的材料价款，二是采购时的业务费用。企业在编制材料采购计划时，必须同时编制相应的资金计划。材料采购资金的管理方法，根据企业采购分工不同，资金的管理手段和管理方法也不同。

（1）采购量控制法

按照材料采购分工，分别确定一定时期内采购材料实物数量指标及相应的资金指标。这种方法适用于采购分工明确、采购量稳定的材料。对于实行工程项目自行采购和专业材料采购所需的资金管理，适宜选择这种方法。

（2）采购金额管理法

确定一定时期内采购总金额，明确本期内分阶段所需的资金，采购部门根据资金情况安排采购内容及采购量。这种管理方法适宜资金紧张时合理安排采购任务，按照企业总体资金计划分期采购。

（3）采购费用指标管理法

采购费用是指在材料采购活动中所支付的材料款以外的各项业务活动支出。费用指标管理法，就是确定一定时期内材料采购费用占材料采购总价值的比例，所有费用支出均限定在这一比例中。

四、材料供应管理

材料供应管理，就是按照材料供应计划及时、齐备、按质按量地为施工生产提供材料的经济管理活动。随着建筑施工技术的发展，施工现场所需材料数量更大，品种更多，规格更复杂，性能指标要求更高；再加上资源渠道的不断扩大，市场价格波动频繁，资金限制等诸多因素影响，对材料供应管理工作的要求也不断提高。

（一）材料供应管理的基本要求

材料供应管理，是企业材料管理的重要组成部分，是企业生产经营的重要内容之一。没有良好的材料供应作保证，就不可能形成有实力的建筑施工企业。随着建筑施工技术的发展，建筑企业所需材料数量更大，品种更多，规格更复杂，性能指标要求更高；再加上资源渠道的不断扩大，市场价格波动频繁，资金限制等诸多因素影响，对材料供应管理工作的要求也不断提高。因此，搞好材料供应过程的管理是很有意义的。

1. 施工现场材料供应的特点

建筑施工企业属于具有独特生产和经营方式的行业。由于建筑产品形体大，且由若干分部分项工程组成，并直接建筑在土地上，每一产品都有自身特定的使用方向，这就决定了建筑施工生产区别于其他行业生产的许多特点，如流动性施工、露天操作、多工种混合作业等。这些特点都会给与施工生产紧密相连的材料供应带来一定的特殊性和复杂性。

（1）产品的固定性，造成了施工生产的流动性，决定了材料供应必须随生产而不断转移。而每一次转移必然形成一套新的供应、运输、贮存工作。再加上每一产品功能不同，施工工艺不同，施工管理体制不同，又形成了没有完全相同的两个产品、不可能批量生产的特点。即使是同一个地区中的同一份设计图纸的两个栋号，也因地势、人员、进度而产生较大差异，从而形成了材料供应管理的个异性，即材料供应只有规律没有重复。

（2）建筑产品形体大，使得材料需用数量大、品种规格多，体大笨重材料居多，由此带来的是运输量必然大。一般工程中，常用的材料品种均在上千种，若细分到规格，可达上万种。因此材料供应要根据施工进度要求，按照各部位、各分项工程、各操作内容来满足上万种规格的材料需求，从而形成了材料部门日常大量而复杂的业务工作。一般建筑物中，所用各种材料，每平方米建筑面积平均重量达 $2\sim2.5t$；目前全国铁路运输中近四分之一是运输建筑施工所用的各种材料，在部分材料的价格组成因素上，甚至绝大多数是运输费用，由此可见建筑材料的运输、验收、保管、发放工作量之大，形成了材料供应管理的工作量大。

（3）建设项目施工中的多工种配合作业，要求材料供应同时满足多方面需用。建设项目是由多个分项工程组成的，每个分项工程中有各自的生产特点和材料需求特点。按照施工程序分期分批组织材料进场，要求材料供应能按施工部位预计需用品种、规格而进行备料。对于同一时期而处于不同施工部位的多个建设项目，或处于同一施工阶段的不同项目，其内部也会因多工种连续和交叉作业造成材料需用的多样性，因此就有了材料供应必须满足多样性需求的要求。

（4）施工操作的露天作业，最易受时间和季节影响，形成了材料供应不均衡的特点，某种材料的季节性消耗和阶段性消耗，也从客观上要求材料供应管理要有科学的预测和严密的计划措施。

（5）材料供应受社会因素影响较大。生产资料是商品，因此生产资料市场的资源、价格、供求及与其紧密相关的投资金额、利税因素，都随时影响着材料供应工作。一定时期内基本建设投资回升，必然带来建筑施工项目增加，材料需求旺盛，市场资源相对趋紧，价格上扬，材料供应矛盾突出。反之，压缩基本建设投资或调整生产价格或国家税收、贷款政策的变化，都可能带来材料市场的疲软，材料需求相对弱小，而带来材料需求不足。因此，了解和掌握市场信息，对于准确预测市场，确定材料供应原则至关重要。

（6）施工中各种因素多变，材料供应工作难度大。设计变更，施工任务调整或其他因素变化，必然带来材料需求变化，使材料供应数量增减，规格变更频繁，极易造成材料积压或出现紧急采购，若供应不及时则必然影响生产进度。为适应这些变化因素，材料供应部门必须具有一定的应变能力，且保证材料供应的可调余地，这无形中也增加了材料供应管理的难度。

（7）对材料供应工作要求高。供应材料的质量要求高，同时供应工作要求有较高的平衡协调能力和调度水平。建设产品的质量，影响着建筑产品功能的发挥，这就对建筑材料的供应提出了严格的要求。建筑产品的生产是本着"百年大计，质量第一"的原则进行的，建筑材料的供应就必须了解每一种材料的质量、性能、技术指标，并通过严格的验收检测，保证工程的质量要求。建筑产品是施工技术、材料生产技术和设计水平的综合体现，其施工中的专业性、配套性，都对材料管理提出了较高要求。

建筑企业材料供应管理除上述特点外，还因企业管理水平、施工管理体制、施工队伍和材料管理人员素质不同而形成不同的供求特点。因此应充分了解这些因素，掌握变化规律，才能主动、有效地实施材料供应管理，保证施工生产的良性运转。

2. 材料供应管理的基本任务

建筑企业材料供应工作的基本任务是：围绕施工生产这个中心环节，按质、按量、按品种、按时间，成套齐备、经济合理地满足企业所需的各种材料。通过有效的组织形式和科学的管理方法，充分发挥材料的最大效用，以较少的材料占用和劳动消耗，完成更多的供应任务，获得较好的经济效果。其主要内容是：

（1）编制材料供应计划

材料供应计划是组织材料各项供应业务协调开展的依据，是材料供应工作的首要环节，为提高材料供应计划的质量，必须掌握施工生产和材料资源情况，运用综合平衡的方法，使施工需求和材料资源衔接起来，同时发挥指挥、协调等职能，切实保证计划的实施。

（2）选择供料方式

合理选择供料方式是材料供应工作的重要环节，通过一定衔接方式可以快速、高效、经济合理地将材料供应到使用者手中。因此，供料方式必须体现减少环节、方便用户、节省费用和提高效率的原则。

（3）做好供应平衡

供应计划确定以后，就要对外按各种渠道落实资源，对内组织供应平衡来保证计划的实现。在计划执行过程中，影响计划落实的因素是千变万化的，仍然会出现许多不适应的现象。因此在执行材料供应计划时，还要注意组织平衡调度。

（4）跟踪检查材料供应效果

在材料供应过程中，应定期巡视各供应项目进展及对材料需求的变化情况，掌握实际材料到货情况，通过过程记录和材料动态凭证，按期编制材料移动报告，反映材料供应效果。

3. 材料供应管理的内容

（1）编制材料供应计划

材料供应计划是建筑企业计划管理的一个重要组成部分，它与其他计划有着密切的联系。材料供应计划要依据施工生产计划和需求量计算和编制；反过来，它又为施工生产计划的实现提供有力的材料保证。正确地编制材料供应计划，不仅是建筑企业有计划地组织生产的客观要求，而且是影响整个建筑企业生产、技术、财务工作的重要因素。

材料供应计划要和生产计划、财务计划等密切配合，协调一致。对计划期内有关生产和供需各方面的因素进行全面分析，注意轻重缓急，找出供应工作中的关键问题，处理好各方面的关系。如重点工程与一般工程的关系，首先要在确保重点工程的前提下，也照顾到一般工程；工程用料和生产维修等方面的关系，在一般情况下，首先要保证工程用料，但也要注意在特定的情况下，施工设备维修用料也是必须解决的。

编制材料供应计划的方法见本书"材料计划管理"中相关内容。

（2）做好材料供应中的平衡调度

其常用的平衡调度方法有：

1）会议平衡

在月度（或季度）供应计划编制以后，供应部门召开材料平衡会议，由供应部门向用料单位说明计划期材料资源到货和各种材料需用的总情况，结合内外资源，分轻重缓急公布供应方案。在保竣工扫尾、保重点工程的原则下，先重点、后一般，并具体确定对各单位的材料供应量。平衡会议一般由上而下召开，逐级平衡。

2）专项平衡

对列为重点工程的项目或主要材料，由项目建设方或施工方组织的专项平衡方式。专项研究落实计划，拟定措施，切实保证重点工程的顺利进行。

3）巡回平衡

为协助各单位工程解决供需矛盾，一般在季（月）供应计划的基础上，组织各专业职能部门，定期到施工点巡回办公，落实供应工作，确保施工任务的完成。

4）与建设单位协作平衡

属建设单位供应的材料，建筑施工企业应主动积极地与建设单位交流供需信息，互通有无，避免供需脱节而影响施工。

5）开竣工平衡

对于一般性工程，为确保工程顺利开工和竣工，在单位工程开工之初和竣工之前，细致地分析供应工作情况，逐项落实材料供应品种、规格、数量和时间，确保工程顺利进行。

（二）限额领料

限额领料，即限额供应，就是依据材料消耗定额，有限制地供应材料的管理方法。这种方法有利于工程建设中加强材料核算，促进合理用料，降低材料成本。从经营活动参与者的不同角度，这种方法有多种称呼。从供应者的角度看，这种方法常常叫限额供应或定额供应；从使用者的角度讲，这种方法也叫限额用料或定额用料；而从领用方讲，则被叫作限额领料或定额领料。因此，这里的限额领料只作为这种管理方法的代名词，而并非仅仅指"领用"材料。

就限额领料管理方法而言，就是指在施工时，必须将材料的消耗量控制在该操作项目消耗定额之内。

1. 限额领料的形式

（1）按分项工程实行限额领料

按分项工程实行限额领料，就是按不同工种所担负的分项工程进行限额。例如按砌墙、抹灰、支模、混凝土、油漆等工种，计算出限额用量，以此作为领用和供应、结算的依据。这种方法一般是以班组为对象实行和执行的。

以班组为对象，管理范围小，容易控制。但是这种方法容易使各工种、班组从自身利益出发，较少考虑工种之间的衔接和配合，易出现某个分项工程节约，另个分项工程较少节约甚至超耗。例如砌筑工程节约砂浆，将砌缝留深，必然使抹灰工程砂浆消耗量增加。

（2）按工程部位（段）实行限额领料

按工程部位（段）实行限额领料，就是按照基础、结构、装修等施工部位，或较大的工程再细分为段，以综合作业队或分承包方为对象进行限额，实质上是扩大了的分项工程限额领料。

它的优点是，以综合作业队或分承包方为对象实行限额，可以增强整体观念，有利于作业队或分承包方内部工种的配合和工序衔接，有利于调动各专业管理人员的积极性。但这种做法由于限额对象相对较大，限额领料的品种、规格多，数量大，内部的控制和衔接要有良好的措施和手段才能实施。

（3）按单位工程实行限额领料

按单位工程实行限额领料是指一个工程从开工到竣工，包括基础、结构、装修等全部工程项目的用料实行限额领料，是在部位限额领料基础上的进一步扩大，适用于工期不长、工程量不大的工程。

这种做法的优点是，可以提高项目独立核算能力，有利于产品最终效果的实现。同时各项费用捆在一起，可从整体利益出发，有利于工程统筹安排，对缩短工期有明显效果。但这种做法的缺点是当工程量大、工期长、变化多时，限额领料管理需要协调各相关专业之间的配合，才能提高工程项目的整体管理水平。

限额领料无论采取哪种形式，对限额数量的确定都应遵循共同的原则。其区别只在于对于不同的限额形式，所限的范围和数量不同。

2. 限额领料数量的确定依据

（1）正确的工程量是计算材料限额的基础

工程量是按施工图纸和工程量计算规则计算的实物工程数量，在正常情况下是一个确定的数量，但在实际施工中常有变更情况。例如设计变更，由于某种需要，修改工程原设计，工程量就发生变更。或施工中没有严格按图纸施工或违反操作规程引起工程量变化，如基础挖深挖大、混凝土量增加；或墙体工程垂直度、平整度不符合标准，造成抹灰加厚等。因此，工程量的计算要重视工程量的变更，同时还要注意完成工程量的验收，以求得正确的工程量完成数据，作为最后考核消耗的依据。

（2）定额的正确选用是计算材料限额的标准

选用定额时，先根据施工项目找出定额中相应的章节，根据分章工种查找相应子目。当工程施工项目与定额中标识的实际高长、厚度有差异时，应做好定额的换算。

（3）技术措施

凡实行技术节约措施的操作项目，一律采用实施节约措施后规定的定额用料量。

3. 实行限额领料应具备的技术条件

（1）设计概算

由设计单位根据初步设计图纸、概算定额及建设主管部门颁发的有关取费规定编制的工程费用文件。

（2）施工图预算（设计预算）

根据施工图计算的工程量，根据施工组织设计、现行工程预算定额及建设主管部门规定的有关取费标准进行计算和编制的单位或单项工程建设费用文件。

（3）施工组织设计

是组织施工的总则，是协调人力、物力衔接和搭配的管理文件。根据施工组织设计划分流水段、搭接工序和操作工艺，确定现场平面布置图，制定材料节约措施。

（4）施工预算

按照具体施工操作工艺，根据施工图计算的分项工程量和施工定额计算的，用来反映完成一个单位工程所需费用的文件见表4-1。

（　）预算工程量人工材料分析表　　　　　　　表 4-1

工程名称：　　　　　　　　　　　　　　　　　　　年　月　日　第　页　共　页

定额编号	工程项目	单位	数量	劳动定额			材料分析			
				编号	时间定额	合计工日	×××（　）	×××（　）	×××（　）	×××（　）

主要包括三项内容：

工程量：按施工图和施工定额计算的分项、分层、分段工程量。

人工数量：根据分项、分层、分段工程量及时间定额，计算出用工量，最后计算出单位工程的总用工数和人工数。

材料限额数量：根据分项、分层、分段工程量及施工定额中的材料消耗数量，计算出分项、分层、分段的材料需用量，汇总为单位工程材料用量，并计算出单位工程材料费。

（5）施工作业计划

也叫任务书，它主要反映施工组织在计划期内所施工的工程项目、工程量及工程进度要求，是企业按照施工预算和施工作业计划，把生产任务具体落实到施工组织的一种形式，见表4-2。主要包括以下内容：

表 4-2

班组作业计划

年 月

单位：　　　　　　　　　　　　　　　　下达日期：　月　日
工程名称：　　　　　　　　　　　　　　编　号：
班组：　　　　　　　　　　　　　　　　验收日期：　月　日

施工定额编号	工程部位及项目	计量单位	计划				实际				材料名称 规格 单位 配合比	单方	单方	数量		单方	数量		单方	数量	
			工程量	每工产量	时间定额	定额用工	工程量	定额工日	实际用工	达到定额%				计划	实际		计划	实际		计划	实际
		1	2	3	4	5	6	7	8	9	10	11	12	13	14	15	16				
		17	18	19	20	21	22	23	24	25	26	27	28	29	30	31					

用工记录	日期	
	工数	

原因分析：

实际耗用量　合计 31　节（＋）　超（－）

计划员：　　预算员：　　劳动定额员：　　工长：　　材料定额员：　　材料员：　　成本员：

任务工期、定额用工。

限额数量及材料基本要求。

按人逐日实行作业考勤。

质量、安全、协作工作范围等交底。

技术管理措施要求。

检查、验收、鉴定、质量评比及结算。

（6）技术节约措施

材料消耗定额中的材料消耗标准，是指根据一般的施工方法、技术条件确定的。为了保证工程质量的同时降低材料消耗，必须采取技术节约措施，才能达到节约材料的目的。例如，抹水泥砂浆墙面掺用粉煤灰节约水泥，降低了水泥消耗量；水泥地面用养护灵养护，比用清水养护回弹度提高 20％～40％。为保证各项措施的实施，计算定额用料时必须以拟实行的技术措施计划为依据。

（7）混凝土及砂浆等试配资料

定额中混凝土及砂浆的消耗标准，是在标准的材质下确定的，而实际采用的材质往往与标准规定有一定距离。为保证工程质量，充分发挥材料的富余性能，必须根据进场的实际材料进行试配和试验。因此，计算混凝土及砂浆的定额用料数量，要根据试验合格后的用料消耗标准计算（表 4-3～表 4-6）。

混凝土配合比申请表　　编号　　　　　　　　　　表 4-3

委托单位：	工程名称：	施工部位：	
设计的强度等级：	申请强度等级：	坍落度要求：	
其他要求			
搅拌方法：	振捣方法：	养护方法：	
水泥品种及强度等级：	厂别及牌号：	进场日期：	试验编号：
砂子产地及品种：	细度模数：	含泥量：	试验编号：
石子产地及品种：	最大粒径：	含泥量：	试验编号：
其他材料：			
掺合材料名称及掺量：		外加剂名称及掺量：	
申请日期：	使用日期：	申请负责人：	联系电话：

混凝土配合比通知单　　　　　　　　　　　　　表 4-4

强度等级	水灰比	砂率 %	水泥 (kg)	水 (kg)	砂 (kg)	石 (kg)	掺合料	配合比	试配编号

备注：

砂浆配合比申请表　　　　　　　　　　　　　　　　表 4-5

委托单位：　　　　　　　工程名称：　　　　　　　　电话：

砂浆种类：＿＿＿＿＿　　等级：　　　　　　　　　　施工部位：

水泥品种及强度等级：　　厂别：　　　　进场日期：　　　试验编号：

砂子产地：　　　　　　　细度模数：　　含泥量：　　　　试验编号：

掺合料种类：＿＿＿＿　　申请日期：　　使用日期：　　　申请人：

砂浆配合比通知单　　　　　　　　　　　　　　　　表 4-6

强度等级	配合比					每立方米材料用量（kg）				
	水泥	白灰膏	砂子	掺合料	外加剂	水泥	白灰膏	砂子	掺合料	外加剂

摘要：＿＿＿＿＿＿＿＿＿＿＿＿＿＿＿＿＿＿＿＿＿＿＿＿＿＿＿

负责人：　　审核人：　　计算：　　试验：

报告日期：年　月　日

（8）有关的技术翻样资料

主要指门窗、五金、油漆、钢筋、铁件等。其中五金、油漆在施工定额中没有明确的式样、颜色和规格，这些问题需要和建设单位协商，根据图纸和当时资源来确定。门窗也可根据图纸、资料，按有关的标准图集提出加工单。钢筋根据图纸和施工工艺的要求提供加工单。所以，图纸、资料和技术翻样是确定限额领料的依据之一，见表 4-7～表 4-9。

加 工 申 请 表　　　　　　　　　　　　　　　　表 4-7

施工单位：

工程名称：年　月　日　　　　　　　　　　　　　　第页/共页

图集代号	产品名称	型号规格	单位	合计数量	分 层 数 量								备注
					基础	一层	二层	三层	四层	五层	六层	七层	

申请单位：　　经办人：　　电话：　　　制表人：　　电话：

钢筋配料表 表 4-8

施工单位：

工程名称： 年 月 日 第页/共页

编号	规格 (mm)	间距 (cm)	钢筋形状 (cm)	断料长度 (cm)	每件根数	总根数	总长 (m)	总重 (kg)	备注

审核： 翻样：

铁件加工单 表 4-9

施工单位：

工程名称：编号：

编号	名称	单位	数量	说明	编号	名称	单位	数量	说明

（9）新的补充定额

随着新工艺、新材料、新的管理方法的采用，原定额可能出现不适用，因此使用中需要进行适当的修订和补充。

4. 限额领料的实施程序和操作方法

（1）限额领料单的签发

由材料管理人员根据企业现行的施工定额，扣除技术节约措施的节约量后，计算得到该工程项目和工程量的限额用料数量，填写在相应单据上（表 4-2），同时注明用料要求及注意事项。

在签发过程中要注意的问题有：定额选用准确，对于采取技术节约措施的项目是否扣除了节约量。如果工程中使用了新型材料在定额中没有，一般可采用几种方法确定限额用量。一是参照新材料的使用说明书；二是协同有关部门进行实际测定；三是套用相近材料的施工图预算。

（2）限额领料单的下达

材料管理人员签发的限额领料单一般一式多份，分别交使用部门和计划、统计、采购、仓库等有关部门，分别作为领用材料、统计报量、计划采购和发料凭证。限额领料单要注明质量等部门提出的要求，由工长向施工单位交底，对于数量大的限额领料单须进行口头或书面交底。

所谓数量大的限额领料单，一般是指按照施工部位下达的限额领料单，因施工部位涉及的分项工程多，涉及的专业部门多，材料限额数量往往品种多，数量大，规格复杂。一张单据涉及的数量可能会跨越较长的时间，因此计算过程及项目划分越细越好，如结构工程中至少应分层、分项或按轴线计算，这样才便于控制用料及核算，起到限额用料的作用。

（3）限额领料单的应用

限额领料单的应用是限额领料管理办法的实施步骤。施工单位的材料管理人员，持限额领料单到指定仓库领料，仓库保管员按领料单所限定的品种、规格、数量发料，并做好分次领用记录。在领发过程中，双方办理领发手续，注明用料的单位工程和使用部门，写清材料的品种、规格、数量及领用日期，双方签字确认，做到领料有凭证，用料有记录。

使用部门要按照用料的要求做到专料专用，不得串项。对领出的材料要妥善保管。同时，要搞好班组用料核算，各种原因造成的超限额用料必须由工长签认借料单，并在限定期限内办理限额领料的增补手续，不补办的停止发料。限额领料单应用过程中应处理好以下几个问题：

1）因各种原因影响需要中途变更施工项目时，用料单也应作相应的项目变动处理，结原项添新项。

2）因施工部署变化，施工项目需要变更做法时。例如，做基础混凝土组合柱，以提前回填土方；支木模改为支钢模，用料单就应减去改变部分的木模用料，增加钢模用料。

3）因材料供应调整，原施工项目的用料需要改变时。例如，原是卵石混凝土，由于材料供应上改用碎石，就必须把原来项目结清，重新按碎石混凝土的配合比调整用料单。

4）按月度下达限额领料单，如果到月底做不完时，应按实际完成量验收结算，没做的下月重新下达，以便使报表、统计、成本交圈对口。

5）现场经常发生两个以上施工队伍合用一种材料或共用一台搅拌机拌制混凝土或砂浆，应分别核算。

（4）限额领料单的检查

在限额领料应用过程中，会有许多因素影响班组用料。因此，定额员要深入现场，调查研究，汇同施工栋号主管及专业管理人员从多方面检查，对发现的问题帮助解决，使班组正确执行定额用料，落实节约措施，做到合理使用。检查内容主要有：

1）查项

检查班组是否按照限额领料单上的项目进行施工，是否存在串料项目。由于材料用量取决于一定的工程量，而工程量又表现在一定的工程项目上，项目如果有变动，工程量及材料数量也随之变动。在施工中由于各种因素的影响，班组施工项目变动是比较多的，可能出现串料现象。因此，在施工中对班组经常进行检查，主要有五个方面：查设计的项目有无发生变化；查限额领料单所包括的工程项目是否已做，是否甩项，是否做齐；查项目包括的工作内容是否都做完了；查班组是否做限额领料单以外的施工项目；查班组是否有串料项目。

2）查量

检查班组已验收工程项目的工程量是否和用料单上所下达的工程量一致。班组用料量的多少，是根据班组承担的工程项目的工程量计算的，因此工程量超量必然导致材料超耗，在施工中只有严格按照规范要求做，才能保证实际工程量不超计划量。但是在实际施工过程中，往往由于各种因素造成超高、超厚、超长、超宽而加大工程量，有的是可以事先发现但不能避免的，有的则是事先发现不了的。通过查量，根据不同情况做出不同的处理。如砖墙超厚加宽、灰缝超厚都会增加砂浆用量。检查时一要看墙身线放得准不准；二要看皮数杆尺寸是否合格。又如浇灌梁、柱、板缝的混凝土时，因模板超宽缝大、不方正等原因，造成混凝土超量，这时应检查模板尺寸，在支模时建议模板要支得略小一点，防止浇灌混凝土时模板涨出加大混凝土量。再如抹灰工程，是容易产生较多亏损的工程。一般情况下原因有：一是因上道工序影响而增加抹灰量；二是因装修工程本身施工造成抹灰超厚而增加用量；三是返工而增加用量。因此，材料管理人员要参加结构主要项目的验收，属于上道工序该做未做的，以及不符合要求的，都应由原班组补做补修；要协助质量部门检查米尺和靠尺板是否合格等；对超量施工要及时反映，监督纠正。

3）查操作

检查班组在施工中是否按照规定的技术操作规范施工。不论是执行定额还是执行技术节约措施，都必须按照定额及措施规定的方法要求去操作，否则就达不到预期效果。有的工程项目工艺比较复杂，因此在操作中须重点检查主要项目、关键和特殊施工项目，检查容易错用材料的项目。在砌砖、现浇混凝土、抹灰工程中，要检查是否按规定使用混凝土及砂浆配合比，防止以高代低，以水泥砂浆代替混合砂浆。在防水施工中，应检查施工做法及材料使用是否符合规范，以防缺工少料。

4）查措施的执行

检查班组在施工中节约措施的执行情况。落实技术节约措施是节约材料的重要途径，班组在施工中是否认真执行，直接影响着节约效果的实现。因此，要按措施规定的配合比和掺合料签发用料单，而且要检查执行情况，并通过检查主动协助解决执行中存在的问题。

5）查活完脚下清

检查施工用料有无浪费现象，项目完成后材料是否剩余，操作中的剩余材料是否及时清理，有条件的要随用随清，不能随用的集中分拣后再利用。

材料管理人员要协助专业工长控制班组计划用料，做到砂浆不过夜，灰槽不剩灰，半砖砌上墙，大堆材料清底使用，砂浆随用随清，运料车严密不漏，装车不要过高，运输道路保持平整，筛漏集中堆放，操作后台保持清洁，刷罐灰尽量利用。通过对活完脚下清的检查，达到现场节约材料的目的。

（5）限额领料单的验收

施工部门完成操作任务后，应由工长组织有关人员进行验收，对工程量、工程质量、用工量等，分别由施工、质量和技术部门验收，并在任务书签署检查意见，用料情况由材料部门签署意见，验收合格后办理退料手续，见表4-10。

限额领料验收记录　　　　　　　　　　　　　　　　　　　　　　表4-10

项　目	施工队五定	班组五保	验收意见	项　目	施工队五定	班组五保	验收意见
工期要求				安全措施			
质量标准				节约措施			

（6）限额领料单的结算

验收合格的限额领料单交材料管理人员进行材料结算。材料管理人员根据验收的工程量和质量部门签署的意见，计算班组计划用量和实际用量，结算盈亏，最后根据已结算的限额领料单分别登入施工部门用料台账，结算用料节超情况，并作为评比和奖励的依据，见表4-11。

分部分项工程材料承包结算单 表 4-11

单位名称		工程名称		承包项目	
材料名称					
设计预算用量					
限额量					
实耗量					
实耗与设计预算比					
实耗与限额量比					
节超价值					
提奖率					
提奖额					
主管领导审批意见			材料部门审批意见		
（盖章）	年 月 日		（盖章）	年 月	日

在结算中应注意以下几个问题：

1）任务书中如个别项目由于某种原因由工长或计划员进行更改，原项目未完成或完成一部分而又增加了新项目，需要重新签发限额领料单后再与实耗量对比。

2）由于上道工序造成的下道工序用料超过常规用料时，应按实际验收的工程量计算用量，最后再进行结算。

3）要求结算的任务书、材料耗用量、班组限额领料单实际用量及结算数字要交圈对口。

（7）限额领料单的分析

根据限额领料单的盈亏数量，搞清材料节约和浪费的原因，堵塞管理疏漏，总结节约经验，促使进一步降低材料消耗，并为今后修订和补充定额提供资料。

（三）甲方供应和乙方供应

材料供应的实施主体不同，材料的实物流动、资金流动和信息流动的路径就不同，其管控方式和控制手段也有较大差异。

1. 甲方供应

"甲方"是对建设项目开发部门或项目业主的俗称。甲方供应方式就是建设项目的开发部门或项目业主对建设项目实施材料供应的方式。这种方式的做法是甲方负责项目所需资金的筹集和资源组织，按照建筑企业编制的施工图预算负责材料的采购供应。施工企业只负责施工中的材料消耗及耗用核算。

（1）供应程序

1）选择供应商

甲方根据材料需用计划和自有资源情况，确定招标采购、市场采购或其他采购渠道，选择材料供应商，并签订采购合同。

2）到货交接

通常有两种交接方式：一是甲方自行接货，即自行验收或保管，在施工现场使用时直接提供给使用部门，甲方负责全部信息和资料的协调和传递。二是甲方委托施工单位接货、验收和保管，甲方只负责费用结算。

3）使用和结算

完全由甲方供应的材料，施工单位提供"包清工"式服务。即只负责实物的领用、消耗和数量结算。这种供应方法，需要施工单位做好供应过程中相关凭证和资料的管理，详细记录人工使用情况。

如果由施工单位代为接货、验收和保管时，应与甲方明确承担的职责及费用水平，按照规范标准执行相应的职责并详细记录。

（2）实施中应注意的问题

1）明确分工和责任。明确双方的权利和责任，明确各项费用的承担方式和支付流程。特别是当施工单位受托负责材料验收和保管时，出现问题应及时报告甲方，涉及供应商问题时应协调甲方及时解决。

2）加强与甲方的沟通和协调。特别是当施工现场出现任务调整、设计变更等情况时，如果涉及供应材料的变化，应及时通知甲方联系供应商做出相应调整。

3）加强过程中凭证、资料、签认手续的管理。加强材料保管、使用过程中的巡查和记录，定期向甲方报告材料在库、在用状态。

甲方供应方式，要求施工企业必须按生产进度和施工要求及时提出准确的材料计划，甲方按计划、按时、按质、按量、配套地供应材料，才能保证生产的顺利进行。

2. 乙方供应

乙方是建筑施工企业的代名词。乙方供应方式是由建筑施工企业根据生产特点和进度要求，由本企业负责材料采购供应的方式。乙方供应方式的具体供应部门可以是乙方企业材料部门，工区（工程处）材料部门或建设工程项目内的材料部门。具体方式是所在企业的材料采购分工所决定的。

（1）供应程序

根据企业内部材料采购的分工或依据施工现场管理机构及职责分工要求，供应程序有所不同，但通常应包括以下步骤：

1）确认供应措施

根据材料供应计划中所确定的供应措施，落实并确定措施的可行性；与供应商协商确定供应的时间、地点数量、运输方式、包装要求及其他有关事项。

2）到货验收

材料采购人员协调施工现场管理人员确定材料进场时间，在材料进场时与现场材料管理人员与送货人员同时当场验收和交接。按照材料的性质不同，需要当场查验的内容应在现场同步完成后方可离开，需要后期检验的内容可当场抽取样品并封闭后送检。

3）办理手续

当全部验收程序完成后，材料采购人员方可与供应商确认结算信息并办理后续程序。

现场材料管理人员应注意收集材料保管和使用中的相关信息，如有问题应及时向材料采购人员反馈，需要调整材料的品种、规格和数量时，应通过材料采购人员办理。

（2）供应中应注意的问题

1）加强采购与使用间的密切配合。材料采购人员往往只按照计划的约定或常规使用要求采购材料，容易忽略材料使用过程中的规格、表面处理、包装配置或后期服务。应紧密关注材料使用过程的了解和回访，为进一步改进采购的适用性提供依据。

2）加强与甲方的沟通和协调。充分利用甲方的优势资源，发挥多方面积极性，最大限度最佳组合完成材料供应任务，为施工生产提供更多便利。

3）注意资金的整体安排和各专业间的平衡，按照施工现场的统一布置完成材料供应任务。在遵循材料供应规律的同时兼顾生产、技术、质量、造价等各方诉求，力争达到综合效果最佳。

乙方供应方式可以按照生产特点和进度要求组织进料，可以在所建项目之间进行材料集中加工，综合配套供应，可以合理调配劳动力和材料资源，从而保证项目建设速度。乙方供应还可以根据各工程项目要求，从生产厂大批量集中采购而形成批量优势，采取直达供应方式，减少流通环节，降低流通费用支出。这种供应方式下的材料采购、供应、使用的成本核算由乙方承担，这样必然有助于乙方加强材料管理，采取措施节约使用材料，推进建筑企业材料管理的专业化、科学化、技术化。

3. 甲、乙双方联合供应

这种方式是指建设项目的开发部门或建设项目业主和施工企业分工确定各自材料供应范围。由于是甲乙双方联合完成一个工程项目的材料供应，因此在项目开工前必须就材料供应中具体问题明确分工，并签订材料供应合同。在合同中必须明确以下内容：

（1）供应范围

包括工程项目施工用主要材料、辅助材料、装饰材料、水电材料、专用设备、各种制品、周转材料、工具用具等的分工范围。应明确到具体的材料品种甚至规格。

（2）供应材料的交接方式

包括材料的验收、领用、发放、保管及运输和分工及责任划分；材料供应中可能出现问题的处理方法和程序。

（3）材料采购、供应、保管、运输的取费及有关费用的计取方式

包括采购保管费的计取、结算方法，成本核算方法，运输费的承担方式，现场二次搬运费、装卸费、试验费及其他费用，材料采购中价差核算方法及补偿方式。

（4）材料供应中可能出现的其他问题

如质量、价格认证及责任分工，材料供应对工期的影响等因素均应阐明要求，以促进双方的配合和协作。

甲乙双方联合供应方式，在目前是一种较普遍的供应方式。这种方式不仅可以充分利用甲方的资金优势，还能使施工企业发挥其主动性和积极性，提高工作效率。但这种方式易出现材料供应时间、质量、费用等责任不清，因此必须签订有效的材料供应合同作保证。

（四）直达供应和中转供应

材料供应方式是指材料由生产企业作为商品，向需用单位流通过程中采取的方式。不同的材料供应方式对企业材料储备、使用和资金占用有着一定的影响。

1. 直达供应方式

直达供应方式指的是材料由生产企业直接供给需用单位，而不经过第三方。这种供应方式减少了中间环节，缩短了材料流通时间，减少了材料的装卸搬运次数，节省了人力、物力和财力支出，因此降低了材料流通费用和材料途耗，加速了材料的周转。同时，由于供需双方的经济往来是直接进行的，可以加强双方的相互了解和协作，促进生产企业按需生产。由于产需的直接衔接，需用单位可以及时反馈有关产品质量信息，有利于生产企业提高产品质量，生产适销对路的产品。直达供应方式需要材料生产企业具有一支较强的销售队伍，当大宗材料和专用材料采取这种方式时，其工作效率高，流通效益好。

直达供应方式优点较多，但并不是在所有条件下都适宜采取这种方式。

（1）从销售工作量来看。假设每个生产企业都直接与需用单位衔接，如果有 10 个需用单位，每一个生产企业都需向每个需用单位发货 1 次，则每月每个生产企业要发 10 次。如果有 4 个生产企业都要发货给这 10 个需用用单位，每月发货 40 次。若生产企业和需用单位之间加入第三方，那么生产企业只需把产品销售给第三方，再由第三方销售给 10 个需用单位。这样每个生产企业每月只要向第三方发货 1 次，4 个企业发货 4 次；第三方向每个需用单位发货 1 次，每月发货 10 次。其过程如图 4-1 所示。

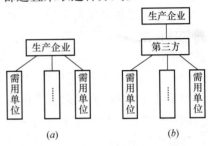

图 4-1　生产企业与需用单位的衔接方式
(a) 直接衔接方式；(b) 通过第三方衔接方式

（2）从数量来看。每个需用单位对材料需用数量各不相同，有的很大，有的很小，数量大的直达供应比较经济，而数量小的就不经济。

（3）从材料品种、规格来看。每个需用单位在同一时间需用的材料品种规格较多，而生产企业在同一时期所能提供的产品品种规格相对单一。生产企业品种规格的批量生产与需用部门的多品种规格配套需用之间的矛盾，使直达供应受到一定限制。如果坚持单一的实行直达供应，势必造成需用单位一次性进料数量过多，造成材料积压，影响材料的有效利用和资金的正常周转。

2. 中转供应方式

中转供应指的是材料由生产企业供给需用单位时，双方不直接发生经济往来，而由第三方衔接。

中转供应由于通过第三方与生产企业和需用单位建立经济关系，可以减少材料生产企业的销售工作量，同时也可以减少需用单位的订购工作量，使生产企业把精力集中于搞好生产。我国专门从事材料流通的材料供应机构遍布各地，形成了全国性的材料供销网。中转供应可以使需用单位就地就近组织订货，降低库存储备，加速资金周转。中转供应使处于流通领域的材料供销机构起到"集零为整"和"化整为零"的作用，也就是材料供销机构把各需用单位集中起来（集零为整）。这对提高整个社会的经济效果是十分有利的。

这种方法适用于消耗量小或通用性强，品种规格复杂，需求可变性较大的材料。如建筑企业常用的零星小五金、辅助材料、工具等。这种方法必然增加了管理环节，但从保证配套、提高采购工作效率和就地、就近采购看，是一种不可少的材料供应方式。

同时，中转供应方式同样有它的局限性和缺陷，直达供应中的优点，中转供应就无法做到，因此中转供应也有一定的适用范围。

3. 供应方式的选择

选择合理的供应方式，目的在于实现材料流通的合理化。材料流通是社会再生产的必要条件，但材料流通过程毕竟不是投入生产，因而它限制了材料的投入使用也限制了材料的价值增值。这种增值程度与流通时间的长短成反比例关系。材料的供应方式与材料流通时间长短有着密切关系，选择合理的供应方式能使材料用最短的流通时间、最少的费用投入使用，加速材料和资金周转，加快再生产过程。

选择供应方式时，主要应考虑的因素有以下几个方面：

（1）需用单位的生产规模。一般来讲生产规模大，材料需用同一种数量也大，对于这种材料适宜直达供应；相反，生产规模小，需用同一种材料数量相对也较少，对于这类材料适宜中转供应。

（2）需用单位的生产特点。生产的阶段性和周期性往往产生波段性的材料需用量变化，因此可分阶段分别采取直达供应和中转供应方式。

（3）材料的特性。专用材料一般使用范围狭窄，以直达供应为宜；通用材料使用范围广，当需用量不大时，以中转供应为宜。体大笨重的材料，如钢材、水泥、木材、煤炭等，以直达供应为宜。不宜多次装卸、搬运，储存条件要求较高的材料，如玻璃、化工材料等，宜采取直达供应。品种规格多，而同一规格的需求量又不大的材料，如辅助材料、工具等，宜采用中转供应。

（4）运输条件。运输条件的好坏，直接关系到材料流通时间和费用。铁路运输中的零担运费比整车运费高，运送时间长。因此一次发货量不够整车批量时，一般不宜采用直达供应而采用中转供应方式。需用单位离铁路线较近或有铁路专用线和装卸机械设备等，宜采用直达供应。需用单位如果远离铁路线，不同运输方式的联运业务又未广泛推行的情况下，则宜采用中转供应方式。

（5）供销机构情况。处于流通领域的材料供销网点如果分布比较广泛和健全，离需用单位较近，库存材料的品种、规格又比较齐全，能满足需用单位的需求，服务比较周到，中转供应比重就会增加。

（6）生产企业的订货限额和发货限额。订货限额是生产企业接受订货的最低数量，如钢厂的订货限额多以"换辊定额"为基础来制定。同时考虑使用情况，对一般规格的普通钢材，订货限额较高；对优质钢材和特殊规格钢材，一般用量较小，订货限额也较低。发货限额通常是以一个整车装载量为标准，采用集装箱时，则以一个集装箱的装载量为标准。某些普遍用量较小的材料和不便中转供应的材料如危险材料、腐蚀性材料等，其发货限额可低于上述标准。订货限额和发货限额定得过高，会影响直达供应的比重。

影响材料供应方式的因素是多方面，而且往往是相互交织的，必须根据实际情况综合分析，确定供应方式。供应方式选择恰当，能提高材料流通速度，加速资金周转，提高材料流通经济效果。选择不当，则会引起相反作用。

（五）第三方供应

第三方供应是指由甲方或乙方委托第三方专业（代理）机构负责全部材料或部分的材料供应。由于其专业性强，供应服务的标准化程度高，可大量使用社会的采购、运输、仓储等公共资源。第三方供应的原理来自于第三方物流。

1. 概念

第三方物流的概念源自于管理学。所谓第三方物流是指生产经营企业为集中精力搞好主业，把原来属于自己处理的物流活动以合同方式委托给专业物流服务企业，同时通过信息系统与物流服务企业保持密切联系，以达到对物流全程的管理和控制的一种物流运作与管理方式。提供第三方物流服务的企业其前身一般从事运输业、仓储业等物流相关业务。物流企业在委托方物流需求的推动下，从简单的存储、运输等单项活动转为提供全面的物流服务，其中包括：物流活动的组织、协调和管理、设计建议最优物流方案、物流全程的信息搜集、管理等。

2. 主要特征

突出表现在五个方面：

（1）关系合同化

第三方物流是通过契约形式来规范物流经营者与物流消费者之间关系的。物流经营者根据契约规定的要求，提供多功能直至全方位一体化物流服务，并以契约来管理所有物流服务活动及其过程。其次，第三方物流发展物流联盟也是通过契约的形式来明确各物流联盟参加者之间权责利相互关系的。

（2）服务个性化

不同的物流消费者存在不同的物流服务要求，第三方物流需要根据不同物流消费者在企业形象、业务流程、产品特征、客户需求特征、竞争需要等方面的不同要求提供针对性强的个性化物流服务和增值服务。另外，从事第三方物流的物流经营者也因为市场竞争、物流资源、物流能力的影响需要形成核心业务，不断强化所提供物流服务的个性化和特色化，以增强物流市场竞争能力。

（3）功能专业化

第三方物流所提供的是专业的物流服务。从物流设计、物流操作过程、物流技术工具、物流设施到物流管理必须体现专门化和专业水平，这既是物流消费者的需要又是第三方物流自身发展的基本要求。

（4）管理系统化

第三方物流应具有系统的物流功能，这是第三方物流产生和发展的基本要求。第三方物流需要建立现代管理系统才能满足运行和发展的基本要求。

（5）信息网络化

信息技术是第三方物流发展的基础。物流服务过程中信息技术发展实现了信息实时共享，促进了物流管理的科学化，极大地提高了物流效率和物流效益。例如新邦物流之所以能成为国内最具竞争实力的五家零担运输企业之一，就因为它是网络化、信息化的物流服务企业。

3. 作用

第三方物流给企业（客户）带来了众多益处，物流是制造企业最后也是最有希望降低成本、提高效益的环节。在生产企业和物流服务商之间利用资本纽带关系，构建物流平台，好处很多，主要表现在：

（1）集中主业

企业能够实现资源优化配置，将有限的人力、财力集中于核心业务，进行重点研究，发展基本技术，开发出新产品参与世界性竞争。

（2）节省费用，减少资本积压

专业的第三方物流提供者利用规模生产的专业优势和成本优势，通过提高各环节能力的利用率实现费用节省，使企业能从分离费用结构中获益。根据对工业用车的调查分析，企业解散自有车队而代之以公共运输服务的主要原因就是为了减少固定费用，这不仅包括购买车辆的投资，还包括车间仓库、发货设施、包装器械以及员工有关的开支。

（3）提升企业形象

第三方物流提供者与客户不是竞争对手，而是战略伙伴。第三方物流提供者是物流专家，他们利用完备的设施和训练有素的员工对整个供应链实现完全的控制，减少物流的复杂性。他们通过遍布全球的运送网络和服务提供者（分承包方）大大缩短了交货期，这样就能树立自己的品牌形象。

4. 实施第三方物流的优势

优势主要表现在以下几个方面：

（1）作业优势

第三方物流服务能为客户提供的第一类利益是"作业改进"的利益。

（2）经济与财务优势

第二类利益可以定义为与经济或财务相关的利益。低成本构成包括了低的要素成本和管理费用以及企业运作环节中的规模优势的表现。企业在经营过程中如果物流不是其核心业务，它就不可能也不应该将过多人力、物力用于物流环节，这样在物流环节上就不易产生规模上的优势从而降低成本。

（3）管理优势

第三类利益是与管理相关的利益。利用第三方物流企业可以被视为获得了生产企业自身还未曾有的管理技能。而且，由于第三方物流公司具有物流方面的优势资源和更有效的管理技能，以及对客户期望的满足，就使采用第三方物流的公司在物流方面也具有了优势，甚至使这种优势成为企业市场竞争中的一个突破点。

（4）降低物流成本优势

物流管理之所以日益引起人们的重视，是因为被称为第一利润源泉和第二利润源泉的降低原材料燃料消耗和提高劳动生产率这两个方面，由于机械的发展和生产管理水平的提高，以及原材料、燃料和人力费用的上涨等因素，已不再能轻而易举地从这两个源泉获取利润。因此，降低物流费用已被视为降低商品成本的宝库，并被称为第三利润源泉。

5. 我国第三方物流的发展现状与对策

目前，我国物流业的发展尚处于起步阶段，与世界上发达国家的企业相比，尚有很大差距。据统计，目前德国的物流成本已下降到国民生产总值的 10% 左右，日本则下降到 6.5%，而我国的物流成本却占国民生产总值比重 30% 以上。在我国企业的全部物流中，第三方物流所占比重又明显偏低。中国仓储协会曾对全国范围内的供求状况进行过调查，生产企业原材料的物流中，第三方承担的比例仅为 18%，而商业企业物流中第三方承担得更少，仅占总比例的 5.9%。

（1）取得的成就

自 20 世纪 90 年代中期，第三方物流的概念开始传到我国以来，随着市场经济体制的不断完善和企业改革的深入，企业自我约束机制增强，外购物流服务的需求也日益增大。我国的第三方物流也取得了较快的发展，主要表现在以下几点：

1）物流基础设施初具规模

2003 年，国内物流固定资产投资额为 5594 亿元，占同期全社会固定资产投资额的比例为 13.1%。截至 2013 年，国家铁路总里程突破 10 万 km，公路总里程达到 430 万 km，路网结构进一步改善；全国内河航道通行总里程 12.5 万 km；全国港口拥有生产用的码头泊位 3.5 万余个，并继续向大型化和专业化方向发展。国家对信息通信设施建设的投资力度加大，全国形成了八纵八横格状光缆干线。智能计算机、系统集成以及通信等关键信息技术取得了重大突破，为国家信息基础设施和高性能公共平台建设创造了条件。地方政府纷纷规划建立物流基地和货物集散中心，企业也加大物流中心和配送中心的建设力度。

2）需求稳定增长，服务范围不断扩大

随着外资企业的进入和市场竞争的加剧，企业对物流重要性的认识逐渐深化，对专业化、多功能的第三方物流需求日渐增加，使得第三方物流得到了长足的发展。我国第三方物流量 2000 年到 2005 年的年增长率达到 25%，客户外包 TPL 原材料供应增加到 35%，生产商产品销售增加到 80%，分销商物流外包增加到 60%。

3）行业主体稳步发展

随着现代物流的快速发展，我国第三方物流业的市场格局发生了很大变化，传统运输和仓储企业的市场主导地位逐渐减弱，民营物流企业和外资、港资物流企业市场份额逐渐变大，一批新创办的国有或国有控股的新型物流企业涌现，一些大型工商企业内部物流部门也开始向第三方物流转变，开展社会物流服务。

（2）存在的问题

第三方物流的发展也存在着很大的制约性因素，主要表现在：

一是观念落后。由于对物流作为"第三利润源泉"的错误认识和受"大而全"、"小而全"的观念影响，很多生产和商业企业既怕失去对采购和销售的控制权，又怕额外利润被别的企业赚去，都自建物流系统，不愿向外寻求物流服务。中国仓储协会 2001 年对 2000 家企业的调查，第三方物流业务在生产和商业企业所占比重仅为 21% 和 13%。

二是条块分割严重，企业规模偏小。长期以来，由于受到计划经济的影响，我国物流企业形成多元化的物流格局，除了新兴的外资和民营企业外，大多数第三方物流企业是从计划经济时期商业、物资、粮食、运输等部门储运企业转型而来。条块分割严重，企业缺乏整合，集约化经营优势不明显，规模效益难以实现。

三是物流渠道不畅。一方面，经营网络不合理，有点无网，第三方物流企业之间、企业与客户之间缺乏合作，货源不足，传统仓储业、运输业能力过剩，造成浪费；另一方面，信息技术落后，因特网、条形码、EDI等信息技术未能广泛应用，物流企业和客户不能充分共享信息资源，没有结成相互依赖的伙伴关系。

（3）第三方物流企业在发展中遇到的问题

1）运营模式问题

目前世界大型物流公司大都采取总公司与分公司体制，总部采取集权式物流运作，以业务实行垂直管理。建立现代物流企业必须有一个能力很强、指挥灵活的调控中心对整个物流业务进行控制与协调。真正的现代物流必须是一个指挥中心、一个利润中心，企业的组织、框架、体制等形式都要与一个中心相匹配。我国的物流企业在运营模式上存在问题，国外物流企的管理模式值得国内物流企业借鉴。

2）仓储或运输能力欠缺

物流的主要功能是创造时间效用和空间效用。就目前中国的第三方物流企业而言，有些公司偏重于仓储，运输能力不足；另外一些公司则是运输车辆很多而在全国没有多少仓库，靠租用社会仓库来完成对客户的承诺。

3）网络问题

我国有几家大的物流企业拥有全国性的仓储网络或货运网络，但是这个网络的覆盖区域并不是十全十美的。客户在选择物流合作伙伴时，很关注网络的覆盖区域及网络网点的密度问题。有关网点的建设问题应引起物流企业的重视。

（4）第三方物流的发展趋势与对策

1）加强基础设施建设，制定发展规划

国家应该继续加强在物流基础设施方面的投资力度，并从宏观方面入手，做好总体的物流规划，以达到我国物流合理化和物流整体效益的最优化。国家应该及早制定出物流业发展的近期规划、中期规划和长期的战略规划，将有限的资金合理规划，权衡使用，投入到一些亟待解决的领域。同时充分利用大、中城市的地理优势和经济实力，建立一些大型的综合性物流中心和配送中心，形成一个比较完整的全国性物流网络，从而推动物流业向集团化、联合化、规模化方向发展。鼓励中小型物流企业进行战略重组，重点扶持组建一批大型的综合物流企业集团，提升我国第三方物流企业的市场竞争力。

2）建立健全政策法规和行业标准，促进物流标准化和规范化

第一，必须全面规范我国物流服务的市场运行机制和规则，尽快建立物流服务市场的准入机制，明确规定注册登记物流服务企业的必要条件，全面界定第三方物流服务提供者和使用者的权利和责任。

第二，必须实现物流行业的标准化。主要包括物流基础设施、装备的通用性标准，针对环境和物流安全的强制性标准、物流作业和服务的行业标准、物流用语标准以及物流从业人员资格标准等。

第三，加快物流领域信息化、网络化建设。物流活动的信息化、网络化是物流业发展的基础，建立适应综合物流发展的信息技术平台，实现资金流、物流、信息流的有机结合。企业应加快建立起集成化的物流管理信息系统，以提高需求预测程度，促进信息共享。要积极引入和使用网络技术、人工智能、条形码等各种先进信息技术，真正实现物流

信息的商品化、物流信息收集的数据库化和代码化、物流信息处理的电子化和计算机化，为一体化物流的实现提供信息与技术支撑。

第四，加强理论研究，重视人才培养。广泛开展物流培训与教育，开展国际物流教育合作。我国应建立完善的物流教育和培训体制，积极进行先进的物流管理和物流技术知识、电子商务、贸易经济、信息管理等知识的培训和普及；加强物流企业与科研院所的合作，使理论研究和实际应用相结合，加快物流专业技术人才和管理人才的培养；形成较合理的物流人才教育培训系统；加强同海内外的科研、教学机构的密切联系。通过多个层面的教育与培训，为我国培养出大量的各层次、各方面的物流专业人才。

6. 建筑工程材料实行第三方供应应注意的问题

由于建筑领域的第三方物流企业完全独立于项目的建设方和施工方之外，因此特别要注意以下问题：

（1）选择材料供应业务代理机构

建设项目的甲乙双方经过协商，可通过公开招标或邀请招标的方式选择业务代理机构，以合同形式约定提供第三方服务的内容及相应的责、权、利。

（2）明确各方责任和义务

明确甲方、乙方和代理机构材料实物流动、资金流转和信息交流的工作程序，明确责任分工及会审、签认范围，建立工作会商制度，确保工程项目的按期完成及各方经济利益。

（3）加强信息传递与工作衔接

第三方代理机构，必须熟悉工程建设情况，并依据服务内容确定与甲方、乙方的信息传递渠道、传递方式和传递频率，紧密配合施工单位的生产进度、质量要求和工艺方法，确保不因供应服务不到位而影响施工生产。

第三方供应是社会分工进一步细化的产物，是提升建筑企业材料管理水平的重要途径。无论是建筑施工企业还是建设单位，无论是材料管理部门还是其他专业管理系统，都应关注这种供应方式的发展，适度参与相应的实践活动，为材料管理机构的转型发展奠定基础。

五、材料储备管理

材料脱离了制造生产过程，尚未进入再生产消耗过程而以在库、在途、待验、加工等多种形态停留在流通领域和生产领域的过程，统称为材料储备。材料储备是保证施工生产正常进行的必备条件，是建筑企业材料管理的业务内容之一。施工现场的材料储备，相比于施工企业储备和专业物资流通企业的储备，具有储备时间短周转快，品种规格多但数量较少，贮存条件不足，收发频繁等特点。

(一) 材料储备管理的基本要求

施工现场的材料采购、供应、储备和使用，是施工现场材料管理的工作重点环节。施工现场材料储备相对于专业材料流通领域的储备来讲，更注重对施工生产需要的保证，更以获得建设项目的综合利益为目标，更需要了解和掌握施工生产的技术、质量、环境和其他专业要求的工作规律。

1. 材料储备管理的意义

储备是材料流通的一个环节，材料流通的社会化，也带来了储备的社会化；企业储备走向社会，企业依靠社会储备，是社会化大生产的发展趋势。

材料储备是材料在非生产环节的停滞，因此不是无限制地越多越好，特别是企业内部的材料储备更是如此。这是因为，材料储备虽然是生产连续进行的必要条件，但毕竟没有进入现实的生产消耗过程中，它本身不创造价值，而只是保存材料的使用价值。因此，材料储备量越多，储备时间越长，投入消耗过程和用于扩大再生产的材料相应就越少，这就延长了材料和资金的周转时间，影响了社会生产的发展速度。同时，在材料储备过程中，为了保存它的使用价值，还要消耗一定的人力、物力和财力。如果储备量超过正常生产和供应的需要，其超储部分，会增加保管中物化劳动和活劳动的消耗。对呆滞材料的加工改制要支出加工费用，一旦形成积压，还会导致资金占用多，利息支出大，材料锈蚀、变质等有形损耗的加大。材料的长期储备还存在着无形损耗，这种无形损耗表现为随着时间的推移，这些材料可以用更低的成本生产出来，或有更优良性能的材料投入生产等情况。因此材料储备过多，对企业的经济效益和社会综合经济效益都是极为不利的。

材料储备的重要意义，不仅在于它是社会再生产顺利进行的必要条件，而且还在于材料储备量的大小与企业和社会的经济效益都有着密切的关系。材料储备只有在社会再生产本身必要的限度内，才是正常的、合理的。合理的材料储备应是保证生产建设正常进行所需要的足够而又最低的储备数量。

2. 材料储备的分类

在社会再生产过程中，按材料储备所处的领域和所在的环节，一般分为生产储备、流通储备和国家储备。

　　建筑企业材料储备是生产储备，它处于生产领域内，是为保证生产进行、材料不间断供应而建立的储备。又细分为经常储备、保险储备和季节储备三类。

　　（1）经常储备

　　也叫周转储备，是指企业在正常供应条件下两次材料到货的间隔期中，为保证生产的正常进行而需经常保持的材料存在。它的特征是：在进料后达到最大值（最高经常储备）。此后，随着陆续投入消耗而逐渐减少，在下一批到料前，降到最小值（最低经常储备），然后再补充进料。如此循环，周而复始。两次到料之间的时间间隔叫供应间隔期，以天数计算，每批到货量叫到货批量。在均衡消耗、等间隔、等批量到货的条件下，材料库存曲线如图5-1所示。建筑企业实际上是随机型的消耗，即材料消耗不是均衡的，不同时期的材料消耗量均不相等。同时也是随机型的到货，即到货间隔和批量均不相等，这时的库存曲线如图5-2所示。为了解决随机型消费和随机型到货条件下的储备问题，首先要从均衡消费、等间隔、等批量到货条件下的材料储备研究入手，即从研究经常储备开始。

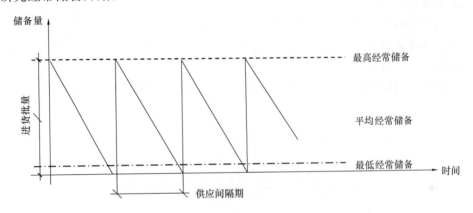

图 5-1　均衡消耗、等间隔供应、等批量到货情况下的储备量曲线

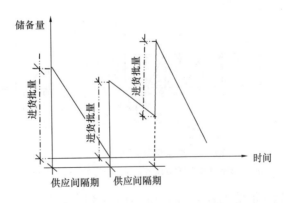

图 5-2　随机型消耗、随机型到货条件下的储备量曲线

　　（2）保险储备

　　是在材料不能按期到货或到货不合用或材料消耗速度加快等情况下，为保证施工生产需要而建立的保险性材料库存。它是一个常量，在库存曲线图上通常表现为一条平行于时间坐标轴的直线，如图5-3所示。即平时不动用这部分数量，在必要时动用后要立即补

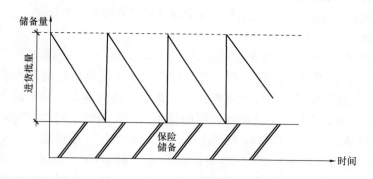

图 5-3　保险储备

充。保险储备不需要对每种材料建立。那些容易补充、对施工生产影响不大的材料、可以用其他材料代用的材料，都不必建立保险储备。

（3）季节储备

是指由于材料生产上有季节性中断，如北方冬季的砖瓦生产，南方洪水期的河砂、卵石生产等。为保证施工生产需要，在材料生产中断期内要建立必需的材料储备，如图 5-4 所示。它的特征是将材料生产中断期间的全部需用量，在中断前一次或分批购进、存储，以备不能进料期间的消费。直到材料恢复生产可以进料时，再转为经常储备。

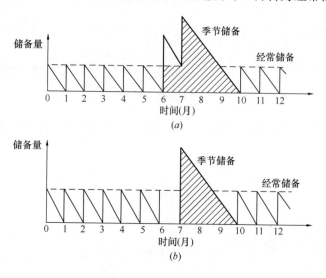

图 5-4　洪水期间河砂的季节储备
（a）一次性进料的季节储备；（b）分批进料的季节储备

由于某些材料在施工消费上有季节性，一般不需建立季节储备，而只在用料季节建立季节性经常储备，如图 5-5 所示。

此外，还有一部分材料处于运输和调拨途中，这部分材料储备即在途储备；已到达仓库但未进行正式验收的材料叫待验储备。这些储备虽不能使用，只是潜在的资源，但也属于储备的构成内容。所以，一般不把它单独列入材料储备定额，但因占用资金，在计算储备资金定额时，要计算它占用的份额。

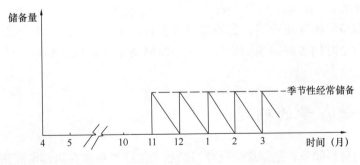

图 5-5　冬期施工用料的季节性经常储备

3. 影响企业材料储备的因素

影响企业材料储备的因素是很多的，除特殊情况外，主要因素有：

（1）施工生产中材料消耗特点对材料储备的影响

施工生产材料消耗的突出特点既有不均衡性，又有不确定性。一年四季的生产不均衡，材料消耗量不均衡；一个单位工程的不同施工阶段，材料品种消耗也不均衡。因此工程中标之前任务不明时，无法确定材料储备量；而中标之后准备期很紧，加之施工中的设计变更等，又使材料消耗呈现出错综复杂的特点。因此，在使用统计资料时得到的储备定额，执行中往往不适用，必须随时注意加以调整，以适应不同情况的需要。对一些特殊材料，则需及时摸清情况，提前订货储备。总之，储备要符合材料的消耗规律，并适应各种材料消耗的不同特点。

（2）材料生产和运输对材料储备的影响

材料生产的规律是周期性和批量性，而材料消耗的特点却是配套性和随机性。成批生产和配套消耗发生矛盾，要由储备来调节。另外，材料生产企业的发货和运输安排，运输能力的限制，制约着材料资源和供应间隔期，因而影响材料的正常储备。

（3）材料储备资金的限制

建筑企业材料储备占用的资金较多，其主要由三个部分组成：一是在库储备材料占用的资金；二是已付款未到货，处于在途储备材料占用的资金；三是已发出尚未消耗，处于生产储备阶段材料占用的资金。

由于建筑生产周期长，资金占用和周转期较长；也由于在当前市场环境下不同程度的垫资施工，企业资金普遍紧张，因而有限的资金往往难以支付较大规模的储备。

（4）材料供应方式对材料储备的影响

不同的材料供应方式，为施工生产提供了不同的供料保证程度，也决定了储备的不同模式。集中供应方式，使企业储备相对集中，储备规模相对较大；反之则由生产环节分散储备，资金占用分散。

（5）市场资源状况对材料储备的影响

在市场资源充裕，经营机构分布合理，流通机构服务良好的情况下，必然使施工企业自身降低材料储备量，更多地依靠企业外部的储备功能。否则就需要企业的自我储备和调节能力实现对生产的保证。

（6）材料管理水平对材料储备的影响

材料计划的准确程度、货源的组织能力、信息的传递速度及各职能部门间的协作配合等因素，决定了各企业在储备环节上表现出不同的运作水平。

影响材料储备的因素还很多，要通过具体分析，考虑它们的综合作用，做出储备决策；同时根据各个时期各种影响因素的变化，对储备定额加以调整，以适应不同时期的需要。

（二）材料储备量的确定

施工现场的材料储备，是围绕所建项目的施工生产周期和在建部位而建立的生产性储备。因此，其储备周期和储备量均因项目建设的规模、生产建造方式而定。

1. 经常储备及量的确定

在施工生产正常进行中，为保证两次进货间隔中的材料需用而建立的材料储备数量即经常储备量。它的特征是：在材料进场后达到最大值，即最高经常储备。此后，随着陆续投入消耗而逐渐减少，在下一批到料前，降到最小值，即最低经常储备，然后再补充进料。如此循环，周而复始。两次到料之间的时间间隔即供应间隔期，以天数计算，每批到货量叫到货批量。储备数量的大小与不同施工阶段材料的消耗速度和进货间隔有着密切关系，一般有以下两种确定方法。

（1）供应期法

由于经常储备定额是考虑两批材料供应间隔期内的材料正常消耗需用，所以经常储备定额应等于供应间隔天数与平均每日材料需要量的乘积。其计算公式为：

$$经常储备定额 = 平均每日材料需用量 \times 供应间隔期$$

其中，平均每日材料需用量 $= \dfrac{计划期材料需用量}{计划天数}$

【示例 5-1】某企业某种材料全年需要 1800t，供应间隔期为一个月，则经常储备定额为：

$$经常储备量 = 平均每日材料需用量 \times 供应间隔期$$

$$= \frac{1800}{360} \times 30$$

$$= 150t$$

上述计算公式中，供应间隔期反映了材料进货的间隔时间。材料到货验收入库后，还要经过库内堆码、备料、发放以及投入使用前的准备过程。这些工作要占用一定的时间，也是决定进货时间必须考虑的重要因素。但就两次相同作业的间隔时间来说，如果验收天数、加工准备天数都是相同的，在按进货间隔期相继进货情况下，上述作业时间不影响供应间隔期长短。因此，不必在供应间隔期之外再考虑，以免重复计算，增加储备量。

供应间隔期有多种确定方法，它们各有不同的适用条件。

1）对于资源比较充足，需用单位能够预先规定进货日期的材料，可以按需用企业的送料周期确定供应期。企业材料供应部门根据生产用料特点、投料周期和本身的备料、送料能力，预先安排供应进度，规定供应周期。例如按照生产进度每10d送料一次，则在送料前有足够用于10d的材料，待发料后再采购下一个送料周期需用的材料。因此送料周期可作为确定供应期的依据。

2）按供货企业或部门的供货周期确定供应期。不少供货企业规定了材料供货周期，如按月供货或按季供货，在合同中没有分期（按旬、周）交货的条款。如果供货周期天数大于需用单位送料周期天数，就必须按供货企业的供货周期提前一个周期备料，才能保证企业内部供料不致中断。在实际材料供应中，供应间隔期是不均等的，因此在测算材料储备定额时，必须以平均供应间隔期来测定。

计算平均供应间隔期时，用简单算术平均数计算时误差较大，一般应采用加权平均计算方法计算，其计算公式为：

$$平均供应间隔期 = \frac{\Sigma(每批次供应间隔 \times 该批入库量)}{各批入库量之和}$$

【示例5-2】 某项目安装工程从1月23日开工到10月20日完成，共计工期270d，消耗5mm钢板95t，5mm钢板实际到货记录见表5-1所示。

实际到货记录表　　　　　　　　　　　　　　　　表5-1

入库日期	1月23日	2月11日	3月13日	4月19日	5月24日	6月12日	7月16日	8月12日	9月12日	10月20日
入库量(t)	10	15	12	11	10	12	9	10	8	完工剩余2t

求5mm钢板的经常储备定额。

解： ∵在工期270d中消耗5mm钢板95t

∴平均每日材料需用量 $= \dfrac{95}{270} = 0.35(t/d)$

根据上述入库记录，可得到每批进货间隔，见表5-2所示。

每批进货间隔表　　　　　　　　　　　　　　　　表5-2

入库日期	1月23日	2月11日	3月13日	4月19日	5月24日	6月12日	7月16日	8月12日	9月12日	10月20日
入库量(t)	10	15	12	11	10	12	9	10	8	完工剩余2t
供应间隔	19	30	37	35	19	34	27	31	38	—

$$\begin{aligned}
平均供应间隔期 &= \frac{\Sigma(每批次供应间隔 \times 该批入库量)}{各批入库量之和} \\
&= \frac{\Sigma(19 \times 10 + 30 \times 15 + 37 \times 12 + 35 \times 11 + 19 \times 10 + 34 \times 12 + 27 \times 9 + 31 \times 10 + 38 \times 8)}{10 + 15 + 12 + 11 + 10 + 12 + 9 + 10 + 8} \\
&= \frac{2924}{97} \\
&= 30(天)
\end{aligned}$$

$$经常储备量 = 平均每日材料需用量 \times 平均供应间隔期$$
$$= 0.35 \times 30$$
$$= 10.5(t)$$

按照这种方法计算的供应间隔期，均为按历史资料或统计资料计算的。在制定新的一个计划期储备定额时，应根据供应条件的变化进行调整。如对定点供应者，可按合同的间隔期进行调整；对供应地点发生变化的，可按距离延长或缩短供应间隔。

（2）经济批量法

按照经济采购批量确定经常储备定额，可获得综合成本最低的经济批量，其计算方法见第五章"材料采购管理"中有关内容。

以经济采购批量作为某种材料的经常储备定额，是当一个经济批量的经常储备定额耗尽时，再进货补充一个经济批量的材料。由于材料需用不是绝对均衡的，消耗一个经济批量材料的时间不是固定的，因而也没有固定的进货间隔期。

2. 保险储备及量的确定

保险储备，是为了保证在材料不能按期到货或到货不合用或材料消耗速度加快等情况下，施工生产能够连续进行而建立的保险性材料贮存。它是一个常量，在未发生上述"特殊"情况时储备量是不变化的，只有出现非正常情况时才具有保障作用。保险储备量并不需要对每种材料设立。那些容易补充、对施工生产影响不大的材料，或可以用其他材料代用的材料，可不必建立保险储备量。

保险储备量的确定通常是根据某种材料的消耗速度，考虑一旦出现"特殊"情况需要应急保障的周期，同时兼顾采购该材料的难易程度等因素而确定。

当材料消耗速度即平均每日需用量增大时，在进货点到来以前，经常储备已经耗尽，为保证施工生产顺利进行，就要动用保险储备，以免停工待料，如图 5-6 中 Ⅰ 所示。

由于材料采购、运输、加工、供应中任何一个环节的因素，造成已到进货时点而没有进货或延期进货情况下，为保证生产进行也需要动用保险储备，如图 5-6 中 Ⅱ 所示。

保险储备定额与经常储备定额不同，它没有周期性变化规律。正常情况下这部分材料

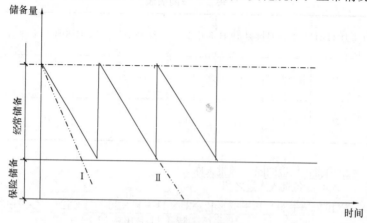

图 5-6　保险储备作用示意图

Ⅰ 是指斜率比正常的大，表示消耗速度加大

Ⅱ 的虚线开始的地方是进货时间，因没有到货而耗用了"保险储备"

储备量保持不变，只有在发生了非正常情况，如采购误期、运输延误、材料消耗量突然增大等，造成经常储备量中断时，才会动用保险储备数量。一旦动用了保险储备，待下次进料时必须予以补充，否则将影响以后周期的材料需用。保险储备定额的计算公式为：

$$保险储备定额 = 平均每日材料需用量 \times 保险储备天数$$

式中，平均每日材料需用量与经常储备定额中提到的平均每日材料需用量一样，是用计划期内材料需用量与计划期天数相除，得到的平均每天材料用量。

由于材料供应中非正常情况是多方面因素引起的，事先很难确切估计，所以要精确地确定保险储备定额往往比较困难。一般是通过分析需用量变化比例、平均误期天数和临时订购所需天数等方法，来确定保险储备天数。

（1）按临时需用的变化比例确定保险储备天数

这个方法主要是从企业内部因素考虑的。由于施工任务调整或其他因素变化，造成材料消耗速度超过正常情况材料消耗速度。按照正常情况下的材料消耗速度设计的材料储备量，满足不了这种临时追加的需用量。临时追加需用量是在材料经常储备定额中没有考虑的，但可以通过对供应期的供应记录和其他统计资料分析提出。

根据统计资料和施工任务变更资料，测算保险储备天数。其计算公式为：

$$保险储备天数 = \frac{供应期临时追加需用量}{经常储备量} \times 供应间隔期$$

对外部到货规律性强、误期到货少而内部需要不够均衡、临时需要多的材料，适宜采用这个方法。

【示例 5-3】某种材料的供应间隔期为 3 个月，从历年供料和消耗资料分析得到 3 季度该种材料消耗追加数量为 3.4t、1.6t、5.2t、4.6t，该材料经常储备定额为 30t，求保险储备天数。

$$平均追加材料需用量 = \frac{3.4 + 1.6 + 5.2 + 4.6}{经常储备量\ 4} = 3.7t$$

$$保险储备天数 = \frac{3.7}{30} \times 90 = 11d$$

（2）按平均误期天数确定保险储备天数

这种方法是从企业外部因素考虑的。未能在规定的供应期内到货，即视为到货误期，超过供应期的天数即误期天数。如按约定应该 15 日进货而实际到货日为 18 日，则误期天数 3d。当到货误期时，由于经常储备量已经用完，就会出现停工待料。因此，必须有相应的保险储备，以解决误期间的材料需用。每次发生误期到货的天数有多少，一般是根据过去的到货记录，测算出平均误期天数，以此来确定保险储备定额。

$$平均误期天数 = \frac{\Sigma 各批（误期天数 \times 该批入库量）}{各批误期入库量之和}$$

当材料来源比较单一，到货数量比较稳定时，也可以使用简单算术平均数计算，即：

$$平均误期天数 = \frac{\Sigma 每批到货误期天数之和}{误期次数}$$

【示例 5-4】某企业全年消耗某种材料 2100t，从统计资料得知，该种材料到货入库情况见表 5-3 所示：

到货入库情况表　　　　　　　　　　　　　　　　表 5-3

入库日期	1月11日	2月28日	4月20日	5月28日	7月6日	9月2日	10月30日	12月25日
入库量（t）	210	420	380	405	290	312	195	270

求：该企业该种材料应设立多大的经常储备量和保险储备量？

解：∵全年消耗 2100t

∴平均每日材料需用量 $=\dfrac{2100}{360}=5.8\text{t/d}$

其平均供应间隔期见表 5-4 所示。

平均供应间隔期表　　　　　　　　　　　　　　　　表 5-4

入库日期	1月11日	2月28日	4月20日	5月28日	7月6日	9月2日	10月30日	12月25日
入库量（t）	210	420	380	405	290	312	195	270
供应间隔	48	51	38	40	58	58	57	—

由表 5-4 可得：

$$\begin{aligned}\text{平均供应间隔期} &=\frac{\Sigma(48\times210+51\times420+38\times380+40\times405+58\times290+58\times312+57\times195)}{210+420+380+405+290+312+195}\\ &=\frac{108171}{2212}\\ &=49\text{d}\end{aligned}$$

经常储备量 ＝平均每日材料需用量×平均供应间隔期

　　　　　　＝5.8×49

　　　　　　＝284.2t

根据平均供应间隔为 49d 判断，凡供应间隔超过 49d 者，均视为误期，超过几天，误期几天，见表 5-5 所示。

误期时间表　　　　　　　　　　　　　　　　表 5-5

入库日期	1月11日	2月28日	4月20日	5月28日	7月6日	9月2日	10月30日	12月25日
入库量（t）	210	420	380	405	290	312	195	270
供应间隔	48	51	38	40	58	58	57	—
误期天数		2			9	9	8	

$$\begin{aligned}\text{平均误期天数} &=\frac{\Sigma\text{每批}(\text{误期天数}\times\text{误期入库量})}{\text{误期入库量之和}}\\ &=\frac{\Sigma(2\times420+9\times290+9\times312+57\times195)}{420+290+312+195}\\ &=\frac{7798}{1217}\\ &=6.4\text{d}\end{aligned}$$

保险储备量 ＝平均每日材料需用量×平均误期天数

　　　　　　＝5.8×6.4

　　　　　　＝37.12t

在上例中，计算出平均误期天数为 6.4d。由于该数是一个平均值，当实际误期天数大于这个平均值时，保险储备定额就不够用，仍有保证不了供应的可能性。要提高保证供应程度，就要加大保险储备天数。在上例中最大的误期天数是 9d，如果保险储备天数规定为 9d，就能完全保证供应了，但这样就要加大储备量，多占用资金。因此要对各项误期到货作具体分析，并考虑计划期的可能变化来确定合理的保险储备天数。

对于消耗规律性较强，临时需要多而到货时间变化大，误期到货多的材料，采用平均误期天数确定保险储备定额是比较合适的。

（3）按临时采购所需天数确定保险储备天数

临时采购所需天数，包括办理采购手续、供货单位发运、途中运输、接货、验收等所需要的天数。以此天数为依据来确定保险储备定额，可以保证材料的连续性供应，在其他条件相同情况下，供货单位越近，临时采购所需天数越少。保险储备天数，应以向距离较近的供货单位采购所需天数为准。

采用这种方法确定保险储备天数的条件是，所需材料能够随时采购，即资源比较充足的材料较为适用。

无论采取哪种方法，确定的保险储备定额，也不是万无一失的，它只是在一定程度上把材料供应中断对生产的影响降到最低点。

3. 季节储备及量的确定

季节储备定额是某种材料的资源或需要因为受到季节影响，可能造成供应的中断或季节性消耗，为此而建立的材料储备数量标准，如图 5-4 所示。

季节储备的特征，是将材料在生产或供应中断前一次和分批购进，以备不能进料期间或季节性消耗期间的材料供应使用。

（1）材料生产、供应季节性的季节储备量

由于生产、运输或其他原因，每年有一段时间不能供料，而且带有明显的季节性，如洪水期的河砂、河卵石生产等。在这种情况下，在季节供应中断到来以前，就应储备足够中断期内的全部用料，其季节储备定额为整个季节内全部中断天数的材料需用量。其计算公式为：

$$季节储备定额 = 平均每日材料需用量 \times 季节供应（生产）中断天数$$

（2）材料消耗季节性的季节储备量

由于各时期各季节材料消耗的不均衡而带来的季节性用料，一般无须建立季节储备，而是通过调整各周期的进货数量来解决。需要建立季节储备的，一般是为了满足某种特殊用途而且带有明显季节性的用料，如防洪、防寒材料。这部分材料的季节储备定额，要根据其消耗性质、用料特点和进料条件等具体分析确定。其中一些材料，如防洪材料，带有保险储备性质，在汛期开始时，一般要备足全部需用量。其定额是根据历史资料，结合计划期内的具体情况而定。另一些材料，如冬季取暖用煤，当运输条件不受限制时，一般不需要在季节前储备全部需用量，可以在用料季节里连续进料。其季节储备定额，要根据具体进料和用料进度来计算。

4. 材料类别储备量的确定

材料类别储备定额，是对品种规格较多，消耗量较小，而材料实物量计量单位不统一的某类材料确定的储备材料数量标准。由于规格品种多且计量单位不同，因此类别储备定额多以资金形式计量，也叫储备资金定额。施工企业中的机械配件、小五金、化工材料、工具用具及辅助材料等，多以储备资金定额形式设立储备定额。使用储备资金定额，可以减轻材料储备定额确定的工作量，有利于在抓住重点材料管理的同时，带动一般材料的管理，也可以有效地控制储备资金的占用。其计算公式为：

$$某种材料储备金额 = 平均每日材料消耗金额 \times 核定储备天数$$

式中平均每日材料消耗金额，是指在计划期内每日消耗的材料，以价值形态表示的数量。其计算公式为：

$$平均每日材料消耗金额 = \frac{计划期材料消耗金额}{计划期天数}$$

式中核定储备天数，一般根据历史资料中该材料需用情况、采购供货周期及资金占用情况分析确定。由于使用储备资金定额的材料，多属辅助材料或施工配合性材料，所以经常是根据统计资料及经验人为确定。

【示例 5-5】 某企业共有各种类型汽车 97 辆，上年度全年耗用汽车配件价值 174600元，若核定的储备天数为 90d，求汽车配件的储备资金定额。

解： 上年度平均每日消耗配件金额 $= \frac{174600}{360} = 485$ 元/d

若预计配件耗用情况没有显著变化，则：

$$汽车配件储备资金定额 = 485 \times 90 = 43650 \text{ 元}$$

其具体储备的品种规格，可根据实际耗用配件中各品种所占的比例确定，其总占用资金应控制在此储备资金定额范围之内。

（三）材料储备管理的内容和方法

材料储备管理，是企业材料管理的重要组成部分，是保证施工生产顺利进行的基本条件，在材料供应中可以起到防止供需脱节和进行平衡配套的作用。做好储备管理可以减少材料损失、加速材料周转，减少资金占用，提高工程项目经济效益。

施工现场的材料储备，包括为施工生产而采购、储存在施工现场仓库、料场、加工厂及委托代保管的材料；也包括停留时间短暂的在途材料和待验材料。其中施工现场仓库、料场的材料管理是储备管理的重点内容。

1. 材料验收

材料验收是入场材料质量的第一关，是划分材料采购环节与材料保管环节责任的分界线。只有进行严格准确的材料检验，才能将采购、运输过程中所发生的问题解决在生产使用之前。

（1）验收的基本要求

1）准确。对于入库材料的品种、规格、质量、数量、包装、价格，成套产品的配套性，要严格核对，准确无误，按照采购合同和有关标准严格验收。

2）及时。材料验收，应在规定时间内完成。一方面使验收合格的材料可以及时办理结算，及时入账；另一方面对于验收中发现的问题可以迅速提出异议，及时办理拒付或索赔，避免发生超过复议期而造成的损失。

（2）接货方式

由于材料的到货方式和到货地点不同，接货有铁路车站到货、机场到货、物流运输部门到货、送料到现场以及到发货单位提取等方式。接货工作是仓库业务的开始，必须认真检查，取得必要的证件，避免将一些材料运输过程中或运输前就已发生的损坏差错带入仓库。

1）现场收货。首先检查入库凭证，与供应单位人员共同做初步验收。检查材料数量和外观质量，无误后可签认放行。若有差错应填写记录，由送货人员签章证明，以此向有关部门提出索赔。

2）到车站、机场、物流运输部门提货。根据资料仔细核对品名、规格、数量，检查外观、包装、封印的完好情况，若有疑点或不符，应当场要求运输部门检查，对短缺损坏情况做出记录，到库后与保管员办理内部交接手续。

3）到供货单位提货。将提货与初验结合起来同时进行。材料部门应根据提货通知，了解所提材料的性能、规格、数量，准备好提货所需机械、人员及工具，与供方当场检验质量，清点数量，做好验收记录，以便交保管员进行复验。

（3）验收程序

1）验收准备。做好验收工具的准备，如计量及搬运工具；做好验收资料的准备，如质量标准、换算手册、合同或协议；做好验收场地及设施的准备，如码放地点、苫垫材料，若属易燃、易爆、腐蚀性材料，应准备防护用品用具；做好验收人员的准备。

2）核对资料。核对到货合同、入库单据、发票、运单、装箱单、发货明细表、质量证明书、产品合格证、货运记录和商务记录等有关资料，查验资料是否齐全、有效，无误后妥善保管。

3）检验实物。材料实物检验，分为材料数量检验和材料质量检验。

材料数量检验应按合同要求，可采取过磅称重、量尺换算、点包点件等检验方式。核对到货票证标识的数量与实物数量是否相符。若出现偏差，其偏差在国家标准限定的范围之内，则可认定单据所标数量，否则应作为问题处理。成套产品，必须配套验收和保管。

材料质量检验分为外观质量检验和内在质量检验。外观质量检验是由材料验收员通过眼看、手摸或通过简单的工具如钢刷、擦布、木棍，查看材料表面质量情况，是否有包装破损、变色、腐蚀、表面缺陷、变形及破碎等问题。内在质量的验收主要是指对材料的化学成分、力学性能、工艺性能、技术参数等的检测，一般通过专业检测部门，采用试验仪器和测试设备检测。通常是由专业人员负责抽样送检测部门。

4）办理手续。凡验收合格的材料，应及时办理验收手续。可单独填制专用验收单据，也可在入库票凭证中"验收人"一栏签认。

5）处理验收中出现的问题。验收中若发现材料实到数量与单据或合同数量不同，质量、规格不符的，应做出记录，及时通知采购人员或主管部门；若出现到货材料证件资料不全的，对包装、运输等存在疑义时应作待验处理。凡作为待验的材料，也应妥善保管，问题没有解决前，不应发放和使用。有些问题，如数量短缺、证件不齐等，在与供方商妥处理意见并获得证据后且生产急需的情况下，也可做暂估验收先期供应，待正式验收后，补办正式验收手续。验收中也可能发生其他问题，如运输中发生损坏、变质、缺少或损耗超标，发生错发到货地点而影响施工使用等。这就需要与材料供应方和运输部门协商解决并按有关规定和订货合同中有关条款，向造成损失方提出索赔。

2. 保管和保养

材料保管与保养，主要是依据材料的性能和储备条件，按照材料保管规程，采用科学方法保管和保养储备的材料，以减少材料保管损耗，保持材料原有使用价值。

材料的保管，主要是依据材料性能，运用科学方法保持材料的使用价值。在保管中主要从以下三方面着手。

（1）选择材料保管场所

由于目前施工现场储备设施的限制，材料保管场所尚不能满足所有材料保管需要。一般施工现场存放材料的场所有：库房、库（货）棚和货（料）场三种。

库房，也称封闭式仓库，是指有围墙、有门窗，可以完全将库内空间与室外隔离开来的建筑物。由于其隔热、隔湿，遮风挡雨，所以存放在库房的材料，多是那些怕风吹日晒雨淋，对温、湿度及有害气体反应较敏感的材料。如水泥、胶粘剂、溶剂、防冻剂；镀锌板、镀锌管、薄壁电线管；各种工具、电线电料、零件配件等。

库（货）棚，是指有顶棚且四周有一至三面围墙，未完全封闭起来的建筑物。这种结构的存料场所，能够遮雨，挡住日光暴晒，但温度、湿度与外界基本一致。因此，那些只怕雨淋日晒，而对温度、湿度要求不高的材料，可以放在库棚内，如陶瓷制品、散热器、石材制品等均可在货棚内存放。有些材料按其特点本应入库房，但由于库房面积限制或周转较快的材料，也可存放于库棚。

料（货）场，是指露天但地面经过一定处理的存料场地。一般要求地势相对较高，地面夯实或进行适当处理，如铺垫混凝土地面或地砖，即使是普通地面夯实后，也应在货位上铺设垛基垫起，离地面 30~50cm，以免地面潮气上返。由于露天料场既不遮风雨，也不挡日晒和有害气体，因此存放在料场的材料，必然是那些不怕风吹日晒雨淋，对温湿度及有害气体反应不敏感的材料，或是虽然受到各种自然因素影响，但在使用时可以消除影响的材料，如钢材中大型型材、钢筋、砂石、砖、砌块、木材等，可以存放在料场。

另外有一部分材料对保管条件要求较高，如需要保温、低温、冷冻、隔离保管的材料，必须按保管要求，存放在特殊库房内。如汽油、柴油、煤油等燃料油，必须是低温保管；部分胶粘剂，冬季必须是保温保管；有毒有害品必须单独保管。

保管场所的选择是相对的，并非一成不变。当施工现场中库房储存能力较大时，可适当地多进入库房保管。而当保管条件较差时，只能把不入库房保管即造成根本性破坏的材料放入库房保管。

（2）码放

材料码放是材料保管中所保持的状态，其形状和数量，必须满足材料自身的特点和性能要求。

材料的码放形状，必须根据材料性能、特点和体积形状选择。例如小型型材，成捆包装的可码十字交叉垛或顺垛，而散捆的小型型材则不宜码十字垛，以免十字交叉点受压变形而影响使用；桶装液体材料，如漆、稀料、酸等，适宜单列码放，一旦渗漏能立即发现处理；防水卷材，须根据其基底材料性能确定码放方法，一般以纸、布为胎基的防水卷材韧性较好，适宜竖放，而玻璃纤维作基体材料的卷材，由于基底的玻璃纤维抗折性能较弱，不宜竖码，应采用横（躺）码；板状材料如三合板、塑料板、石膏板等，适宜采用错头码放，便于清点和发放；橡胶制品如三角带、轮胎等一般应做一定处理，如三角带挂放，轮胎特别是内胎，应适当充气码放架上。具体各种材料码放可根据建筑材料的性能及特点确定。

材料的码放数量，首先要视存放地点的地坪负荷能力而确定，以地面垛基不下陷、垛位不倒塌、高度不超标为原则。同时根据底层材料所能承受的重量，以材料不受压变形、变质为原则。例如袋装水泥，一般情况下只能码放 10 袋高，若高度超过 10 袋则会出现包装破裂或底层受压硬结。再如石油沥青纸油毡，如果高度超过竖向码放两层，则易出现垛位倒塌，底层受压变形，影响使用。

材料保管还应特别注意性能互相抵触的材料，应严格分开，如酸和碱，橡胶制品和油脂；酸、稀料等液体材料与水泥、电石、滑石粉、工具、配件等怕水、怕潮材料要严格分开，否则易发生相互作用而降低使用性能甚至破坏。

（3）安全消防

不同的材料性能决定了其消防方式有所不同。一般固体材料燃烧应采用高压水灭火，若同时伴有有害气体挥发，则应用黄砂灭火并覆盖。一般液体材料燃烧，适合使用干粉灭火器或黄砂灭火，避免液体外溅，扩大火势和危害。因此，应按材料的消防性能分类设库。

每种材料的安全消防方式应视具体材料性能而确定。

（4）保养的方法

材料保养，就是采取一定的措施或手段，改善所保管材料的性能或使受损坏的材料恢复其原有性能。常用的保养方法主要有：

除锈。主要是金属材料及金属制品因种种原因产生锈蚀而采取的保养方法。可用油洗、研磨、刮除等方法除掉锈渍，恢复其原有性能。

涂油、密封。部分工具、用具、配件、零件、仪表、设备等需定期进行涂油养护，避免由于油脂干脱造成其性能受到影响。部分仪表、工具经涂油后还需进行密封，隔绝外部空气进入，减少油脂挥发。

干燥。部分受潮材料应做干燥养护，可采用日晒、烘干、翻晾，使吸入的水分挥发。也可在库房内放置干燥剂，如滑石粉、氯化钙等吸收潮气，降低环境湿度。但应注意有些材料不宜日晒或烘干，如磨具（砂纸、砂轮等）日晒后会降低强度、影响性能。

降温。怕高温的材料，在夏季应做降温养护，可采用房顶喷水、室内放置冰块、夜间通风等，降低保管温度。

防虫和鼠害。有些材料易受虫、鼠的侵害，可通过喷洒、投放药物，减少损害。如夏季棉、麻、丝制品及皮制品应放置樟脑以防止咬食受损，一年四季都应投放防鼠药物。

3. 材料发放

（1）发放要求

材料发放应本着先进先出的原则，要及时、准确，面向生产、为生产服务，保证生产顺利进行。

及时。是指及时审核发料单据上的各项内容是否符合要求；及时核对库存材料能否满足；及时备料、安排送料、发放；及时记账登卡；及时复查发料后的库存量与记账登卡的结存数是否相符；剩余材料（包括边角废料、包装物）及时回收利用。

准确。指准确按发料单据的品种、规格、质量、数量进行备料、复查、点交；准确计量，以免发生差错；准确记账、登卡，才能使账物相符；准确掌握送料时间，防止与施工争地，减少二次转运，防止材料供应不及时而使施工中断。

节约。指有保存期限的材料，应在规定期限内发放；对回收利用的材料，要在保证质量的前提下，先旧后新；坚持能用次料不发好料，能用小料不发大料，凡规定以旧换新的，坚持交旧发新。

（2）发放程序

1）发放准备。材料出库前，应做好计量工具、装卸倒运设备、人力以及随货发出的有关证件的准备，提高材料出库效率。

2）核对凭证。材料出库凭证是发放材料的依据，要认真审核材料发放地点、单位、品种、规格、数量，并核对签发人的签章及单据、有效印章，无误后方可进行发放。非正式出库凭证一律不得发放。

3）备料。凭证经审核无误后，按凭证所列品种、规格、质量、数量准确提取、准备材料。

4）复核。为防止出现发放差错，备料后必须复核。首先检查准备的材料与出库凭证所列项目是否一致，然后检查发放后的材料实存数量与账务结存数量是否相符。

5）点交。无论是内部领料还是外部提料，发放人与领取人应当面点清交接。如果一次领（提）不完的材料应做出明显标记，防止差错，分清责任。

6）清理。材料发放出库后，应及时清理拆散的垛、捆、箱、盒，部分材料恢复原包装要求，整理垛位，登卡记账。

（3）材料发放方法

在现场材料管理中，各种材料的发放程序基本上是相同的，而发放方法却因不同品种、规格的材料而有所不同。

大堆材料，主要包括砖、瓦、砂石等材料，一般都是料棚存放、多工种使用。根据有关规定，大堆材料的进出场及现场发放都要进行检测。这样既保证施工的质量，又保证了材料进出场以及存放数量的准确性。大堆材料的发放除按限额领料单的数量发放外，要做到在指定的料场清底使用。对混凝土、砂浆所使用的砂、石，按水泥的实际用量比例进行计量控制发放；也可按混凝土、砂浆不同程度等级的配合比，分盘计算发料的实际数量，因此，要做好分盘记录和办理发料手续。

主要材料，包括水泥、钢材、木材等，一般是库发材料或是在指定的露天料场和大棚内保管存放，由专职人员办理领发手续。主要材料的发放要凭限额领料单（任务书）领发料，还要根据有关的技术资料和使用方法进行发放。

例如水泥的发放，一般根据限额领料单的工程量、材料的规格、型号及定额数量发放，还要凭混凝土、砂浆的配合比进行发放。另外，还要看工程量的大小，需要分期分批的进行发放，并做好记录。

成品及半成品：主要包括混凝土构件、门窗、铁件及成型钢筋等材料。一般都是在指定的场地和库房内存放，由专职保管员管理和发放，发放时凭限额领料单办理领发手续。

其他材料，包括工具、五金和其他辅助材料，一般在库房发放。凭限额领料单或材料主管人员签发的需用计划发放。

（4）材料发放中应注意的问题

针对现场材料管理的薄弱环节，应做好几方面的工作：

1）必须提高材料人员的业务素质和管理水平，要对在施工程的概况、施工进度计划、材料性能及工艺要求有进一步的了解，便于配合施工生产。

2）根据施工生产需要，按照国家计量法规定，配备足够的计量器具，严格执行材料进场及发放的计量检测制度。

3）在材料发放过程中，认真执行定额用料制度，核实工程量、材料品种、规格及定额用量，以免影响施工生产。

4）严格执行材料管理制度，大堆材料清底使用，水泥早进早出，装修材料按计划配套发放，以免造成浪费。

5）对价值较高及易损、易坏、易丢的材料，发放时领发双方须当面点清，签字认证，并做好发放记录。要实行承包责任制，防止丢失损坏，以免重复领发料的现象发生。

4. 材料的耗用

现场材料的耗用，也称为耗料，是指在材料消耗过程中，对构成工程实体的材料所进行的核算活动。

（1）耗用依据

现场耗料的依据是根据施工组织所持的限额领料单（任务书）到材料部门领料时所办理的领料手续。常见的一般有两种，一是领料单（小票）；二是材料调拨单。

领料单一般使用的范围是专业施工队伍，在领发料过程中，双方办理领发（出库）手续，并填领料单，按领料单上的项目逐项填写，注明单位工程、施工班组、材料名称、规格、数量及领料日期，双方签字认证。

材料调拨单的使用范围有两种：一是项目之间的材料调拨，属于内调，是各工地的材料部门为本工程用料所办理的调拨手续。在调拨过程中，双方填制调拨单，注明调出工程名称、调入工程名称、材料名称、规格、调拨数量、实发数量及调拨日期，并且有双方主管人员的签字后双方签字认证。这样可以保证各自工程成本的真实性。二是外单位调拨及购买材料使用的调拨，在办理调拨手续过程中，要有上级主管部门和项目主管领导的批示方可进行调拨。填制调拨单时注明调出单位、调入单位、材料名称、规格、请发数、实发数以及实际价格、计划价格和单价、金额、调拨日期等，并且要经主管人签字后，双方签字认证。

以上两种凭证是耗料的原始依据，因此要求在填制各种耗料凭证时，必须如实填写，准确清楚，不弄虚作假或任意涂改，保证耗料的准确性。

（2）耗用程序

现场耗料过程，也是材料核算的重要组成部分。根据材料的分类以及材料的使用方向，采取不同的耗料程序。

工程耗料，包括大堆材料、主要材料及成品、半成品等。其耗料程序是：根据领料凭证（任务书）所发出的材料，经核算后，对照领料单进行核实，按实际工程进度计算材料的实际耗料数量。由于设计变更、工序搭接，也要如实记入耗料台账，便于工程结算。

暂设耗料，包括大堆材料、主要材料及可利用的剩余材料。根据施工组织设计要求，所搭设的设施也视同工程用料，要做单独项目进行耗料。按预算收入单项开支，并按项目经理（工长）提出的用料凭证（任务书）进行核算后，与领料单核实，计算出材料的耗料数量。如有超耗也要计算在材料成本之内，并且记入耗料台账。

行政公共设施耗料，根据施工队主管领导或材料主管批准的用料计划进行发料，使用的材料一律以外调材料形式进行耗料，单独记入台账。

调拨材料，是材料在不同部门之间的调动，标志着所属权的转移，不管内调与外调都应记入台账。

班组耗料，根据各施工班组和专业施工队的领发料手续（小票），考核班组、专业施工队是否按工程项目、工程量、材料规格、品种及定额数量进行耗料，并且记入耗料台账，作为当日的材料移动报告，如实地反映出材料的收、发、存情况，为工程材料的核算提供依据。

在施工过程中，施工班组由于某种原因或特殊情况，发生多领料或剩余材料，都要及时如实办理退料手续和补办手续，及时冲减账面，调整库存量，保证账物相符，正确地反映出真实情况。

（3）耗用方法

根据现场耗用的过程，为了使工程收到较好的经济效益，使材料得到充分利用，保证施工生产，因此根据材料不同的种类、型号分别采用耗料方法。

大堆材料，一般露天存放，不便于随时计数，耗料一般采取两种方法：一是实行定额耗料，按实际完成工作量计算出材料用量，并结合盘点，计算出月度耗料数量；二是根据混凝土、砂浆配合比和水泥耗用量，计算其他材料用量，并按项目逐日记入材料发放记录，到月底累计结算，作为月度耗料数量。有条件的现场，可采取进场划拨方法，结合盘点进行耗料。

主要材料，一般都是库发材料，根据工程进度计算实际耗料数量。

例如水泥的耗料，根据月度实际进度部位，以实际配合比为依据计算水泥需用量，然后根据实际使用数量开具小票或按实际使用量逐日记载的水泥发放记录累计结算，作为水泥的耗料数量。

成品及半成品，一般都是库发材料或是在指定的露天料场和大棚内进行管理发放。可采用按工程进度、部位进行耗料，也可按配料单或加工单进行计算，求得与当月进度相适应的数量，作为当月的耗料数量。

例如铁件或成型钢筋一般汇同施工班组按照加工计划进行验收，然后交班组保管使用；或按照加工翻样的加工单，分层以及分部位进行耗料。

（4）耗用中应注意的问题

现场耗料是保证施工生产、降低材料消耗的重要环节，切实做好现场耗料工作，是搞好项目承包的根本保证。为此应做好以下工作：

1）要加强材料管理制度，建立健全各种台账，严格执行限额领料和料具管理规定。

2）分清耗料对象，按照耗料对象分别记入成本；对于分不清的，例如群体使用一种材料，可根据实际总用量，按定额和工程进度适当分解。

3）严格保管原始凭证，不得任意涂改耗料凭证，以保证耗料数量和材料成本的真实可靠。

4）建立相应的考核制度，对材料耗用逐项登记，避免乱摊、乱耗，保证耗料的准确性。

5）加强材料使用过程中的管理，认真进行材料核算，按规定办理领发料手续，为推广项目承包打好基础。

5. 材料的退还和回收

按照承包合同或限额领料单完成工程任务后的剩余材料，可退还发放部门，并核减领料数量。若下一个阶段继续使用的材料品种，也可以办理形式退还手续，材料实物不移动，仍由原领用方保管，待再次使用时优先发放这部分材料。

周转材料使用完毕后应退还管理部门进行清理，对使用中出现的损耗、丢失进行核定，记录耗用和损失价值，作为工程材料结算的依据之一。

实行回收再用和统一处理的废旧材料，应予以回收，集中修复或处理。

6. 材料盘点

施工现场保管的材料、品种、规格繁多，收发频繁，计量、计算易发生差错；保管中发生的损耗、损坏、变质、丢失等种种因素，则可能导致库存材料数量不符、质量下降。只有通过盘点，才能准确地掌握实际库存量，摸清在库材料质量状况，发现材料保管中存在的各种问题，了解材料储备定额执行情况，了解呆滞、积压数量以及利用、代用等挖潜措施执行情况，为改善经营状况，制定经营措施提供依据。

通过盘点应做到"三清"，即数量清、质量清、账表清；"三有"即盈亏有分析，事故差错有报告，调整账表有依据；"三对"即账册、卡片、实物对口。

（1）盘点内容

材料盘点，是对储备材料进行过程控制的有效方法，通过盘点实现储备过程中的材料数量正确，质量完好，各项保管措施到位。盘点的重点包括三方面：

1）盘点数量

通过对仓库材料数量的盘查清点，核对保存的实物与账面所记载的数量是否一致，即账实是否相符。若出现账面数量多于或少于实物数量，则分别记录为盘亏和盘盈。不同的材料保存过程中会出现不同程度的盈亏，一般以"盘点盈亏率"作为衡量考核指标。

2）盘点质量

在清点材料数量的过程中，同时检查材料外观质量是否有变化，是否临近或超过保质期，是否已属于淘汰或限制使用的产品，若有则应做好记录，上报业务主管部门处理。一般以"货损货差率"或"质量完好率"作为考核指标。

3）盘点管理措施和其他

检查安全消防、材料码放、温湿度控制及货架、距离等保管措施是否得当和有效；检查地面、门窗是否出现不良隐患；检查操作工具是否完好，计量器具是否符合校验标准。

当施工现场有业主方提供的材料时，也应进行盘点，但对出现的问题只负报告责任，未经对方同意不得采取处理措施；为其他部门代储代存的材料，对出现的问题应按照代储代存合同规定的职责范围处理；回收材料或以旧换新中的旧品也应核对数量并定期进行清理。

（2）盘点方法

定期盘点。指固定周期地对贮存的材料进行全面、彻底盘点，达到有物有账，账物相符，账账相符；把数量、规格、质量及主要用途搞清楚。由于清查规模较大，必须做好以下组织准备工作：

1）划区分块，统一安排盘点范围，防止重查或漏查；

2）校正盘点用计量工具，统一设计印制盘点表，确定盘点截止日期、报表日期；

3）安排各现场、车间，已领未用的材料办理"退料"手续，并清理半成品、在产品和产成品；

4）尚未验收的材料，具备验收条件的应尽快验收入库；

5）代管材料，应有特殊标志，不包括在自有库存中，应另列报表，便于查对。

永续盘点。对库房每日有变动（增加或减少）的材料，当日盘查一次，即当天对库房收入或发出的材料，核对是否账、卡、物对口、质量完好。这种连续进行抽查的盘点，能及时发现问题，即使出现差错，当天也容易回忆，便于清查，可以及时采取措施，但必须做到当天收发当天记账。

（3）盘点步骤

1）按照盘点要求，确定截止日期及划区分块范围；

2）以实际库存量和账面结存量进行逐项核对，并同时检查材料质量、有效期、安全消防及保管状况；

3）编制盘点报告。凡发生数量盈亏者，编制盘点盈亏报告；凡发生质量降低或材料损坏的，要编制报损报废报告；

4）根据盘点报告批复意见调整账务并做好善后处理。

（4）对盘点中出现问题的处理

1）盘点中发现数量出现盈亏，且其盈亏量在国家和企业规定的范围之内时，可在盘点报告中反映，不必编制盈亏报告，经业务主管领导审批后据此调整账务；当盈亏量超过规定范围时，除在盘点报告中反映外，还应填报表"盘点盈亏报告"，经领导审批后再行处理。

2）当库存材料发生损坏、变质、降低等级问题时，填报"材料报损报废报告"，并通过有关部门鉴定等级降低程度、变质情况及损坏损失金额，经领导审批后，根据批示意见处理。

3）库存材料在1年以上没有动态时，应列为积压材料，编制积压材料清册，报请处理。

4）代保管材料和外单位寄存材料，应与自有材料分开，分别建账，单独管理。

5）对于执行以旧换新和回收的旧品，应确定处理意见及时清理。

6）当出现品种规格混串和单价错误时，经业务主管审批后进行调整。

7）对于各项保管措施出现的问题，应在盘点报告中单独列项说明；对于保管场所设施的问题，向主管部门提出申请处理。

在盘点中发现的其他问题，可按专业系统分别报告处理。对盘点出现的共性问题，企业必须制定规章制度，以杜绝相同问题的重复出现。

六、材料场容场务管理

　　施工现场是建筑安装企业从事施工生产活动，最终形成建筑产品的场所。占建筑工程成本70％左右的建筑材料，都要通过施工现场投入消费。施工现场的材料场容场务管理，贯穿于从施工准备开始到工程项目竣工交付为止的全部管理过程中。从材料进场开始，直至工程实体完成清运垃圾出场，现场材料运转的连续性、有序性不仅保证施工工序流水顺畅，作业人员操作便捷，同时也通过场容场貌规范材料使用，提高作业环境的安全保障水平。现场材料场容场务的管理水平，作为工程项目所在企业的窗口，是衡量施工企业专业管控水平的重要标志之一。

（一）材料场容场务管理的主要内容

　　施工现场的材料场容场务管理，属于生产过程中材料消耗过程的管理，与企业其他技术经济管理有密切的关系，是建筑企业材料管理的出发点和落脚点，也是企业基础管理工作之一。现场材料场容场务管理是指从施工准备开始，到工程项目竣工交付为止的全部管理过程，包含了施工企业全部材料活动内容。

　　现场材料场容场务管理的目标，是在现场施工过程中，根据工程类型、场地环境、材料消耗的特点，采取科学管理方法，从材料投入到成品产出全过程进行计划、组织、协调和控制，力求保证生产需要和材料的合理使用，最大限度降低资源消耗。现场材料场容场务管理的水平，是衡量建筑企业综合管理水平的重要标志之一，也是保证工程进度和工程质量，提高劳动效率，降低工程成本的重要环节。施工现场是企业的窗口，对企业的社会声誉有极大的影响。加强现场材料场容场务管理，是提高企业材料管理水平和经济效益的重要途径之一。

1. 材料场容场务管理的任务

　　（1）全面规划

　　在开工前做出现场材料场容场务管理规划，参与施工组织设计的编制，规划材料存放场地、道路，做好材料预算，制定现场材料管理目标。全面规划是使现场材料场容场务管理全过程有序进行的前提和保证。

　　（2）计划进场

　　按施工进度计划，组织材料分期分批有序地入场。一方面保证施工生产需要，另一方面要防止形成较多的剩余材料。计划进场是现场材料场容场务管理的基础。

　　（3）严格验收

　　按照材料的品种、规格、质量、数量要求，严格对进场材料进行检查，办理收料。验收是保证进场材料品种、规格对路，质量完好、数量准确的第一道关口，是保证工程质量实现降低成本的重要保证条件。

（4）合理存放

按照现场平面布置要求存放材料，在方便施工、保证道路畅通、安全可靠的原则下，尽量减少二次搬运。合理存放是妥善保管的前提，是生产顺利进行的保证，是降低成本的重要措施。

（5）妥善保管

按照各项材料的自然属性，依据物资保管技术要求和现场客观条件，采取各种有效措施进行维护、保养，保证各项材料不降低使用价值。妥善保管是物尽其用，实现降低成本的保证条件。

（6）控制消耗

按照操作者承担的任务，依据定额及有关资料进行严格的数量控制是控制工程成本的重要关口，是实现材料节约的重要保证。

（7）监督使用

按照施工现场要求和用料要求，对已转移到操作者手中的材料，在使用过程中进行检查，督促班组合理使用材料。监督使用是实现节约、防止超耗的主要手段。

（8）准确核算

用实物量形式，通过对消耗活动进行记录、计算、分析和比较，反映消耗水平。准确核算既是对本期管理结果的反映，又为下期管理活动提供改进的依据。

2. 材料场容场务管理各阶段的主要内容

现场材料场容场务管理工作，伴随着工程的进展阶段，具有不同的特征和内容。一般根据工程施工进展分为三个阶段，即施工前期的准备阶段、施工过程中的控制阶段和施工后期的核算阶段。

（1）施工前的准备阶段

建筑企业获得工程项目的建设任务后，即开始投入对该工程项目的筹备工作。施工前期往往图纸并未全部出齐，建设项目的方案需要进一步细化，工程项目的具体管理和实施方法也需要进一步确定，因此此阶段的材料场容场务管理工作，主要是为工程项目的开工做好准备。

1）了解工程概况，逐步确定材料管理体制

了解工程施工地点及周围交通运输条件；了解工程类型、建设工期和主要施工工艺；了解工程投资及主要材料和主要设备的投资；了解建设单位主管工程项目的机构和人员设置，对工程款项的审批程序及相关要求；了解建设监理单位资质情况和人员设置。

根据施工合同规定的承包施工范围，了解主要材料、机具和主要构件的需用量，根据资源和供应渠道及临时建筑等相关情况，与建设单位协商确定该工程的材料管理体制。若不能确定全部承包范围的管理内容时，需要分阶段制定材料管理方法，制定责任范围和衔接关系，以确保施工中制度明确、责任清晰。

与监理单位协商确定材料管理中相关的管理资料、审批程序和送检、签认和验收手续。

2）参与编制施工组织设计

施工组织设计是管理工程项目的重要技术文件，一般由技术部门主持编制。材料部门根据工程主要技术工艺，参与主要材料的选型和选项，参与材料技术节约措施的制定，确定主要材料节约率指标，配合生产进度提出材料保障措施。

根据现场场地条件，确定材料堆放场所和仓库的位置、容量及修建或搭设方案；确定道路、加工区域、回收分拣场所的位置及容量；完成现场平面布置规划。

3）制定现场材料管理制度

根据施工组织设计、工程建设承包合同，结合施工现场情况，制定施工现场材料采购、供应、运输、储备管理制度，规定验收、保管、发放、回收和核算管理程序，制定施工现场材料安全管理措施和材料进出现场手续，建筑垃圾回收、分拣、处理办法，使现场材料管理规范、有序。

制定各项管理制度和措施的执行标准和控制方法，建立现场材料管理责任制，通过承包、评比、检查、奖罚等措施确保各项制度的贯彻执行。

4）修建和完善各项临时设施

按照施工组织设计要求和平面布置规划图，修建仓库、道路、料场、加工场所及办公、生活设施。

修建中尽量利用原地遗留的建筑物和可利用设施，减少重复建设数量，降低临时设施成本。修建中应优先使用可周转使用材料，对于原工程的剩余材料或可利用的回收材料应充分利用。

各项设施的建设应符合环境保护、能源节约、卫生防疫、安全消防等管理规定，符合使用功能的需要。现场水、电等能源消耗应同时安装计量器具，并取得相关使用手续和审批文件。若需要在现场之外设置材料存放或加工区域，必须到工程项目所在地的地方行政管理机构办理场外临时用地手续。

（2）施工过程中的控制阶段

准备阶段中，工程项目的施工生产也许未开始，也许已经开始部分，但并未正式进行工程材料的供应活动。随着工程施工的进展，材料供应工作成为材料管理中的主要矛盾后，材料管理即进入了控制管理现场材料的过程。

由于建筑产品及生产特点，按照工程施工进度保证材料供应，根据具体情况进行协调组织，控制现场材料消耗成为这个阶段的主要管理目标。

1）保证工程项目生产的材料需要

衡量工程项目建设的重要指标是工作量，完成一定的工作量必须消耗一定数量的材料。因此保证材料供应成为工程项目管理的重要物质保证。

根据施工进度计划，各生产环节必须进行施工用料分析，按时编报材料需用计划，经主管人员签认后作为材料供应的依据。材料部门在核实各环节材料需用的基础上编制材料采购供应计划，按照需用时间组织材料进场。

2）做好材料的码放和场容管理

安排进场的材料必须按平面布置图的规定堆放，尽量做到一次就位，减少场内倒运。避免随意堆放而带来的安全隐患和材料丢失，保持现场道路畅通和生产秩序。若因生产原因材料进场后不能堆放到指定地点时，可临时存在不影响安全生产的地方指派专人看护，24h内必须予以处理。

现场材料堆放场所应有固定区域并尽量与现场隔离，现场狭小难以隔离时应设置围挡，减少人物交叉机会；易燃、易爆、腐蚀等特殊材料的保管场所应有明显标志，并设置防护设施；场内材料码放必须整洁有序、标识清楚；现场必须设置封闭式垃圾回收设施，及时分类分拣，当判定确属无用时，由材料部门签认并办理出场手续后清运出场。

3）严格材料的收、管、发、退管理

材料的验收。认真执行材料验收管理制度，验收内容主要包括资料验收和实物验收。

资料验收，就是要查验随材料同时必须到达的材料出厂质量证明、合格证书或技术参数资料等是否齐全、有效，进场的单据是否填写清楚。

实物验收主要包括实物数量和实物质量两方面的验收。实物数量验收应按照采购时签订的合同规定，采取称重、点件、检尺换算等方法查验实物数量与单据或合同是否一致。实物质量验收，材料管理人员只负责外观质量的检验，包括查看品种、规格是否符合约定，包装有无破损，材料表面是否有损害或肉眼可以观察到的缺陷。

验收情况必须做出详细记录，对出现的问题及时通报采购部门。

材料的保管。按照材料的品种和性能要求，选择材料的保管场所；根据材料的形体和承载材料的地面负荷状况，合理码放垛位；按照材料的性能特点采取保管措施，保持性能不降低。其具体管理和保养方法见"五、材料储备管理"中相关内容。

材料的发放。现场材料的发放方法，与工程项目的生产管理体制密切相关。由总承包方采购、分承包方使用的材料发放，一般是按照总分包合同约定的材料数量，材料进场后一次性发放给分承包方，不再负责分承包方内部的材料发放。凡是自行采购并直接向施工劳务队伍发放的材料，一般负责日常的材料发放业务。

材料发放是以承包合同或限额领料单为依据，超合同或限额领料单的部分可以不予负责，若经过协商需要补充时，需另行签订补充协议或条款，作为结算的依据之一。

材料的退还和回收。按照承包合同或限额领料单完成工程任务后的剩余材料，可退还发放部门，并核减领料数量。若为下一个阶段继续使用的材料品种，也可以办理形式退还手续，材料实物不移动，仍由原领用方保管，待再次使用时优先发放这部分材料。

周转材料使用完毕后应退还管理部门进行清理，对使用中出现的损耗、丢失进行核定，记录耗用和损失价值，作为工程材料结算的依据之一。

实行回收再利用和统一处理的废旧材料，应予以回收，集中修复或处理。

4）加强平衡调度管理

根据生产中的变化因素，根据设计变更和各种洽商资料，材料部门须及时调整材料进场计划，确保施工生产中的材料需用。

按时参加生产例会，了解工程变化情况；定期巡视作业面，掌握生产实际进度和材料消耗情况；收集并分析设计变更和洽商资料可能带来的材料需求变化，提高材料供应中的应变能力。

及时与技术、预算、质量和生产部门沟通和协调，掌握各专业管理对需要调整的材料的要求和限定。协调供应商调整进货频率或品种规格，通知材料采购、运输部门及时调整相应计划。

同时，在施工过程中还需要配合技术部门落实各项技术措施；配合质量部门完成进场材料检测，参加各专业的联合检查、验收和日常监督管理；建立健全各项原始记录和统计台账，定期进行统计汇总；按部位提供的材料需按期组织材料盘点，搞好业务核算。

（3）施工后期的核算阶段

当工程已完成总工作量的 70% 以上即进入工程收尾阶段。该阶段中，材料管理的收发存工作量逐渐减少，转而以清理、核算为主要内容。随着工程的逐步完成，剩余材料将分批转移离场。

1) 控制材料进场数量

当完成的工作量达到承包合同额的 70% 后，工程进入收尾阶段。进入这个阶段后要检查现场存料，估计未完工程用料，在计划平衡的基础上，调整原用料计划，控制材料进场，以防产生剩料积压，为实现"工完料尽场地清"创造条件。

2) 清理已完工部位的材料消耗

清理材料计划、采购合同、质量检测等资料并装订汇总；清理已完部位的材料领用收发凭证和报表账册，按使用部位分别统计完成部位的材料消耗情况，对已完工分部位的材料耗用情况进行初步核算工作。

对不再使用的临时设施可以提前拆除、及时回收和修复。对不再使用的周转材料要随时组织退库退租。

3) 做好材料结算工作

办清全部材料核销手续，进行工程材料结算和工程决算，并做好与材料预算的对比。考核单位工程材料消耗的节约和浪费，分析节超原因，总结经验和教训。

将工程的剩余材料办理工程退料手续，退回企业或办理调拨手续转入新的工程项目。全部拆除临时设施，回收可利用部分并做好记录，待投入新的工程项目后再次使用。

3. 绿色施工对现场材料场容场务管理的要求

我国正处于经济快速发展阶段，作为大量消耗资源，影响环境的建筑业，必须全面实施绿色施工，承担起可持续发展的社会责任。绿色施工是指工程建设中，在保证质量、安全的前提下，通过科学管理和技术进步，最大限度地节约资源与减少对环境负面影响的施工活动，实现"四节一环保"目标，即节能、节地、节水、节材和环境保护。

绿色施工应因地制宜，贯彻执行国家、行业和地方相关的技术经济政策，实现经济效益、社会效益和环境效益的统一。国家和行业也在鼓励各地区开展绿色施工的政策与技术研究，发展绿色施工的新技术、新设备与新工艺，推行应用示范工程。

(1) 绿色施工原则

绿色施工是建筑全寿命周期中的一个重要阶段。实施绿色施工，首先应进行总体方案优化，即在规划、设计阶段，充分考虑绿色施工的总体要求，为绿色施工提供基础条件。实施绿色施工，应对施工策划、材料采购、现场施工、工程验收等各阶段进行控制，加强对整个施工过程的管理和监督。绿色施工由施工管理、环境保护、节材与材料资源利用、节水与水资源利用、节能与能源利用、节地与施工用地保护六个方面组成。

(2) 绿色施工管理的主要内容

对绿色施工的管理主要包括组织管理、规划管理、实施管理、评价管理和人员安全与健康管理五个方面。

1) 组织管理

要求建立绿色施工管理体系，并制定相应的管理制度和目标。项目负责人作为绿色施工第一责任人，负责绿色施工的组织实施及目标实现，并指定绿色施工管理人员和监督人员。

2）规划管理

要求施工项目必须编制绿色施工方案。方案应在施工组织设计中独立成章，并按有关规定进行审批。方案中应包括：

环境保护措施：制定环境管理计划及应急救援预案，采取有效措施降低环境负荷，保护地下设施和文物等资源。

节材措施：在保证工程安全与质量的前提下，制定节材措施。应进行施工方案的节材优化，制定建筑垃圾减量化方案和尽量利用可循环材料等措施。

节水措施：根据工程所在地的水资源状况，制定节水措施。

节能措施：进行施工节能策划，确定目标，制定节能措施。

节地与施工用地保护措施：制定临时用地指标、施工总平面布置规划及临时用地节地措施。

3）实施管理

实现绿色施工应对整个施工过程实施动态管理，加强对施工策划、施工准备、材料采购、现场施工、工程验收等各阶段的管理监督。应结合工程项目的特点，有针对性地对绿色施工作相应的宣传，通过宣传营造绿色施工的氛围，对职工进行绿色施工知识培训，增强绿色施工意识。

4）评价管理

对照绿色施工标准要求，结合工程项目特点，对绿色施工的效果及采用的新技术、新设备、新材料与新工艺进行自评估。成立多专业人员组成的评估组织，对绿色施工方案、实施过程和项目竣工进行综合评估。

5）人员安全与健康管理

工程现场必须制定施工防尘、防噪、防毒、防辐射等防治职业危害的措施，保障施工人员的长期职业健康。合理布置施工场地，保护生产及办公区不受施工活动的有害影响。施工现场建立卫生防疫、急救、保健制度，在安全事故和疾病疫情出现时提供及时救助。施工现场应因地制宜营造卫生健康的工作与生活环境，加强对施工人员的住宿、膳食、饮用水、卫生间等生活与环境卫生的管理，不断改善施工人员的生活条件。

（3）绿色施工对材料场容场务管理的要求和措施

1）扬尘控制

要求运送土方、垃圾、设备及材料时，不得污损场外道路。当运输颗粒、粉末等容易散落、飞扬、流漏的物料时，车辆必须采取封闭措施，同时还必须保证车辆清洁。施工现场出口应设置洗车槽。

土方作业时，应采取洒水、覆盖等措施，达到作业区目测扬尘高度小于 1.5m，不得扩散到场区以外。结构施工和装饰装修阶段施工时，作业区目测扬尘高度应小于 0.5m。对容易产生扬尘的材料及建筑垃圾搬运时，应有降尘措施如覆盖、洒水等。浇筑混凝土前清理灰尘和建筑垃圾时，尽量使用吸尘器，避免使用吹风器等容易产生扬尘的设备。机械剔凿作业时，可用局部遮挡、掩盖、水淋等防护措施。高层或多层建筑清理垃圾时，应搭设封闭性临时专用道或采用容器吊运。

施工现场非作业区达到目测无扬尘的要求。对现场易飞扬物质采取有效措施，如洒水、地面硬化、围挡、密网覆盖、封闭等，防止扬尘产生。构筑物机械拆除前，做好扬尘控制计划，可采取清理积尘、拆除体洒水、设置隔挡等措施。构筑物爆破拆除前，做好扬尘控制计划，可采取清理积尘、淋湿地面、预湿墙体、屋面敷水袋、楼面蓄水、建筑外设高压水雾状水系统、搭设防尘排栅和直升机投水弹等综合降尘措施，并选择风力小的天气进行爆破作业。在场界四周隔挡高度位置测得的大气总悬浮颗粒物（TSP）月平均浓度与城市背景值的减值不得大于 0.08mg/m³。

2）噪声与振动控制

现场噪声排放和监测按照《建筑施工场界环境噪声排放标准》GB 12523—2011 规定执行。在施工场界对噪声进行实时监测与控制。使用低噪声、低振动的机具，采取隔声与隔振措施，避免或减少施工噪声和振动。

3）光污染控制

尽量避免或减少施工过程中的光污染。夜间室外照明灯加设灯罩，透光方向集中在施工范围。电焊作业采取遮挡措施，避免电焊弧光外泄。

4）水污染控制

施工现场污水排放应达到《污水综合排放标准》GB 8978—1996 的要求。在施工现场针对不同的污水，应设置沉淀池、隔油池、化粪池等。污水排放应委托有资质的单位进行废水水质检测，提供相应的污水检测报告。保护地下水环境，采用隔水性能好的边坡支护技术。在缺水地区或地下水位持续下降地区，基坑降水尽可能少地抽取地下水。当基坑开挖抽水量大于 50 万 m³ 时，应进行地下水回灌，并避免地下水被污染。对于化学品等有毒材料、油料的贮存地，应有严格的隔水层设计，做好渗漏液的收集和处理。

5）土壤保护

保护地表环境，防止土壤流失和受侵蚀。因施工造成的裸土及时覆盖砂石或种植速生植物，以减少土壤侵蚀。因施工导致容易发生的地表径流土壤流失情况，应采取设置地表排水系统，稳定斜坡、植被覆盖等措施，减少土壤流失。沉淀池、隔油池、化粪池等不得发生堵塞、渗漏、溢出等现象，及时清理清掏各类池内沉淀物，并委托有资质的单位清运。对于有毒有害废弃物如电池、墨盒、油漆、涂料等应回收后交有资质的单位处理，不能作为建筑垃圾外运，避免污染土壤和地下水。

施工后应恢复因施工活动被破坏的植被，与当地园林、环保部门或植物研究机构进行合作，在先前开发地区种植当地或其他适合的植物，以恢复剩余空地地貌或科学绿化，补救施工活动中人为破坏植被和地貌造成的土壤侵蚀。

6）建筑垃圾控制

制定建筑垃圾减量化计划，如住宅建筑，每万 m² 建筑垃圾不宜超过 400t。加强建筑垃圾的回收再利用，力争建筑垃圾的再利用和回收率达到 30%，建筑物拆除后产生的废弃物的再利用和回收率大于 40%。对于碎石类、土石方类建筑垃圾，可采用地基填埋、铺路等方式，提高再利用率，力争再利用率大于 50%。

施工现场生活区设置封闭式垃圾容器，施工场地生活垃圾实行袋装化，及时清运。对建筑垃圾进行分类，并收集到现场封闭式垃圾站，集中运出。

7）其他

施工前应调查清楚地下各种设施，做好保护计划，保证施工场地的各类管道、管线、建筑物、构筑物的安全运行。施工过程中一旦发现文物，立即停止施工，保护现场并通报文物部门，协助文物部门工作。避让保护施工专区及周边的古树名木。尝试开展统计分析施工项目的 CO_2 排放量，以及各种不同植被和树种的固定量，为今后不断优化空气环境质量提供参考。

（4）绿色施工对节材和材料资源利用的要求与措施

1）综合要求

图纸会审时，应审核节材与材料资源利用的相关内容，达到材料损耗率比定额损耗率降低 30%。根据施工进度、库存情况等合理安排材料的采购、进场时间和批次，减少库存；现场材料堆放有序，储存环境适宜，措施得当；保管制度健全，责任落实；材料运输工具适宜，装卸方法得当，防止损坏和遗撒；根据现场平面布置情况就近卸载，避免和减少二次搬运；采取技术和管理措施提高模板、脚手架等周转次数；优化安装工程的预留、预埋、管理路径等方案；就地取材，施工现场 500km 以内生产的建筑材料用量占建筑材料总重量的 70%以上。

2）对结构材料的要求和相关措施

推广使用预拌混凝土和成品砂浆。准确计算采购数量、供应频率、施工速度等，在施工过程中动态控制。结构工程使用散装水泥。推广使用高强度钢筋和高性能混凝土，减少资源消耗。推广钢筋专业化加工和配送，优化钢筋配料和钢构件下料方案。钢筋及钢结构制作前应对下料单及样品进行复核，无误后方可批量下料。优化钢结构制作和安装方法。大型钢结构宜采用工厂制作，现场拼装；宜采用分段吊装、整体提升、滑移、顶升等安装方法，减少方案的措施用材量。采取数字化技术，对大体积混凝土、大跨度结构等专项施工方案进行优化。

3）对围护材料的要求和措施

门窗、屋面、外墙等围护结构选用耐候性能及耐久性能良好的材料，施工确保密封性、防水性和保温隔热性。门窗采用密封性、保温隔热性能、隔声性能良好的型材和玻璃等材料。屋面材料、外墙材料须具有良好的防水性能和保温隔热性能。当屋面和墙体等部位采用基层加设保温隔热系统的方式施工时，应选择高效节能、耐久性好的保温隔热材料，以减小保温隔热层的厚度及材料用量。屋面或墙体等部位的保温隔热系统采用专用的配套材料，以加强各层次之间的粘结或连接强度，确保系统的安全性和耐久性。根据建筑物的实际特点，优选屋面或外墙的保温隔热材料系统和施工方式。例如保温板粘结、保温板干挂、聚氨酯硬泡喷涂、保温砂浆涂抹等，以保证保温隔热效果，并减少材料浪费。加强保温隔热系统与围护结构的节点处理，尽量降低热桥效应。针对建筑物不同部位的保温隔热特点，选用不同的保温隔热材料及系统，以做到经济适用。

4）对装饰材料的要求和措施

装饰装修工程所用材料品种繁多，应根据材料质量、基料类型及施工工艺采取相应的措施。粘贴类材料在施工前，应进行总体排布策划，减少非整块材的数量，减少裁减量和端头短料。最大限度地采用非木质的新材料或人造板材代替木质板材。防水卷材、壁纸、油漆及胶粘剂应随用随开启，不用时及时封闭。幕墙及各类预留预埋应与结构施工同步。木制品及木装饰用料，玻璃等各类板材等，宜在工厂采购或定制。尽量采用自粘贴类片材，减少现场液态胶粘剂的使用量。

5）对周转材料的要求和措施

应选用耐用、维护与拆除方便的周转材料和机具。优先选用制作、安装、拆除一体化的专业队伍进行模板工程施工。模板应以节约自然资源为原则，推广使用定型钢模、钢框竹模、竹胶板。施工前应对模板工程的方案进行优化，多层、高层建筑应使用可重复利用的模板体系，模板支撑宜采用工具式支撑。优化高层建筑的外脚手架方案，采用整体提升、分段悬挑等方案。推广采用外墙保温板替代混凝土施工模板的技术。

现场办公和生产用房采用周转式活动房。现场围挡应最大限度地利用已有围墙，或采用装配式可重复使用的围挡封闭。力争工地临时房、临时围挡材料的可重复利用率达到70%。

（5）绿色施工对节水与水资源利用的要求和措施

提高用水效率。施工中应采用先进的节水施工工艺。现场喷洒路面、绿化浇灌不宜使用市政自来水。搅拌用水、养护用水应采取有效节水措施，严禁无措施浇水养护混凝土。施工现场供应管网的设计布置，注意管径合理，管路简捷，采取有效措施减少管网和用水器具的漏损。现场机具、设备、车辆的冲洗用水，必须设立循环用水装置。施工现场办公区、生活区的生活用水采用节水系统和节水器具，提高节水器具配置比率。项目临时用水应使用节水型产品，安装计量装置，采取有针对性的节水措施。施工现场应建立可再利用水的收集处理系统，使水资源得到梯级循环利用。施工现场应分别对生活用水与工程用水确定用水定额指标，并分别计量管理。

大型工程有不同单项工程、不同标段、不同分包生活区，凡具备条件的均应分别计量用水量。在签订不同标段分包或劳务合同时，要将节水定额指标纳入合同条款，进行计量考核。

对混凝土搅拌站点等用水集中的区域和加工点进行专项计量考核。鼓励施工现场建立雨水、中水或可再利用水的搜集利用系统。优先采用中水搅拌、中水养护，有条件的地区和工程应收集雨水养护。处于基坑降水阶段的工地，宜优先采用地下水作为混凝土搅拌用水、养护用水、冲洗用水和部分生活用水。现场机具、设备、车辆冲洗喷洒路面、绿化浇灌用水，优先采用非传统水源，尽量不使用市政自来水。大型施工现场，尤其雨量充沛地区的大型施工现场，应建立雨水收集利用系统，充分收集自然降水用于施工和生活中适宜的部位。力争施工中非传统水源和循环水的再利用量大于30%。

在非传统水源和现场循环再利用水的使用过程中，应制定有效的水质检测与卫生保障措施，确保避免对人体健康、工程质量以及周围环境产生不良影响。

（6）绿色施工对节能与能源利用的要求和措施

施工现场应制定合理的施工能源指标，提高施工能源利用率。优先使用国家、行业推荐的节能、高效、环保的设备和机具，如选用变频技术的节能施工设备等。施工现场分别设定生产、生活、办公和施工设备的用电控制指标，定期进行计量、核算、对比分析，并有预防与纠正措施。在施工组织设计中，合理安排施工顺序、工作面，以减少作业区域的机具数量，相邻作业区充分利用共有的机具资源。安排施工工艺时，应优先考虑耗用电能或其他能耗较少的施工工艺。避免设备额定功率远大于使用功率或超负荷使用设备的现象。根据当地气候和自然资源条件，充分利用太阳能、地热等可再生能源。

建立施工机械设备管理制度，开展用电用油计量，完善设备档案，及时做好维修保养工作，使机械设备保持低耗、高效的状态。选择功率与负载相匹配的施工机械设备，避免大功率施工机械设备低负荷长时间运行。机电安装可采用节电型机械设备，如逆变式电焊机和能耗低、效率高的手持电动工具等，以利节电。机械设备宜使用节能型油料添加剂，在可能的情况下，考虑回收利用，节约油量。合理安排工序，提高各种机械的使用率和满载率，降低各种设备的单位耗能。

生产、生活及办公临时设施，应利用场地自然条件，合理设计生产、生活及办公临时设施的体型、朝向、间距和窗墙面积比，使其获得良好的日照、通风和采光。南方地区可根据需要在其外墙窗设遮阳设施。临时设施宜采用节能材料，墙体、屋面使用隔热性能好的材料，减少夏天空调、冬天供暖设备的使用时间及耗能量。合理配置供暖、空调、风扇数量，规定使用时间，实行分段分时使用，节约用电。

施工临时用电优化选用节能电线和节能灯具，临电线路合理设计、装置，临电设备宜采用自动控制装置。采用声控、光控等节能照明灯具。照明设计以满足最低照度为原则，照度不应超过最低照度的20%。

（7）绿色施工对节地与施工用地保护的要求和措施

根据施工规模及现场条件等因素，合理确定临时设施，如临时加工厂、现场作业棚及材料堆场、办公生活设施等占地指标。临时设施的占地面积应按用地指标所需的最低面积设计。要求平面布置合理、紧凑，在满足环境、职业健康与安全及文明施工要求的前提下，尽可能减少废弃地和死角，临时设施占地面积有效利用率大于90%。

应对深基坑施工方案进行优化，减少土方开挖和回填量，最大限度地减少对土地的扰动，保护周边自然生态环境。红线外临时占地应尽量使用荒地、废地，少占用道路、绿地、农田和耕地。工程完工后，及时对红线外占地恢复原地形、地貌，使施工活动对周边环境的影响降到最低。利用和保护施工用地范围内原有绿色植被。对于施工周期较长的现场，可按建筑永久绿化的要求，安排场地新建绿化。

施工总平面布置应做到科学、合理，充分利用原有建筑物、构筑物、道路、管线为施工服务。施工现场搅拌站、仓库、加工厂、作业棚、材料堆场等布置应尽量靠近已有交通线路或即将修建的正式或临时交通线路，缩短运输距离。临时办公和生活用房应采用经济、美观、占地面积小、对周边地貌环境影响较小、且适合于施工平面布置动态调整的多层轻钢活动板房、钢骨架水泥活动板房等标准化装配式结构。生活区与生产区应分开布置，并设置标准的分隔设施。

施工现场围墙可采用连续封闭的轻钢结构预制装配式活动围挡，减少建筑垃圾，保护土地。施工现场道路按照永久道路和临时道路相结合的原则布置。施工现场内形成环形通道，减少道路占用土地。临时设施布置应注意远近结合，努力减少和避免大量临时建筑和场地搬迁。

4. 绿色施工对新技术、新设备、新材料与新工艺的要求

施工方案应建立推广、限制、淘汰公布制度和管理办法。发展适合绿色施工的资源利用与环境保护技术，对落后的施工方案进行限制或淘汰，鼓励绿色施工技术的发展，推动绿色施工技术的创新。大力发展现场监测技术、低噪声的施工技术、现场环境参数检测技术、自密实混凝土施工技术、清水混凝土施工技术、建筑固体废弃物再生产品在墙体材料中的应用技术、新型模板及脚手架技术的研究和应用。

加强信息化技术应用，如绿色施工的虚拟现实技术、三维建筑模型的工程自动统计、绿色施工组织设计数据库建立与应用系统、数字化工地、基于电子商务的建筑工程材料、设备与物流管理系统等。通过应用信息技术，进行精密规划、设计、精心建造和优化集成，实现并提高绿色施工的各项指标。

我国绿色施工尚处于起步阶段，应通过试点和示范工程，及时总结经验，引导绿色施工的健康发展。各地区和各企业应根据具体情况，制定有针对性的考核指标和统计制度，制定引导施工企业实施绿色施工的激励政策，促进绿色施工的发展。

（二）施工现场的布置与管理

现场平面布置规划，是施工组织设计中的重要组成内容。是施工现场生产有序、运行安全、流转顺畅的重要保证。因每个施工项目不同，施工所用技术、设备不同，现场环境、条件及周边情况都有差异，因此，现场平面布置规划必须因地制宜，按照现场材料场容场务管理的原则、内容和要求，按照绿色施工要求进行规划。

1. 现场平面布置规划的基本要求

（1）划分区域和场地

按所建项目的施工阶段划分施工区域和场地，保护目前道路交通的畅通和施工堆场的合理布局。符合施工流程要求，减少对专业工种和其他方面施工的干扰。注意各施工阶段时材料运输的方便，尽量减少材料的二次运输。

（2）施工区域与生活办公区分开，且各种生产设施布置便于施工生产安排，并满足安全防火、劳动保护的要求。

（3）符合交叉施工要求，减少对各专业工种干扰；各种生产设施便于工人的生产、生活需要，且满足安全防火、劳动保护的要求。

（4）符合总体施工环境的要求，进行封闭施工，避免或减少对周围环境和市政设施的影响。

（5）遵循节约原则，降低生产成本。

2. 外围及企业形象等标志性布置及管理

工地围护根据文明施工的规定及建设方要求砌筑或搭设一定高度的施工围墙，使其与外界隔离，围墙外设应协调本企业 CI 要求与建设单位及所处街区的要求。

（1）施工现场的围挡结构及大门标志

依照施工所在地政府、市容市政管理机构及企业 CI 标准，充分考虑甲方提出的要求，使对外展示的形象美观大方，统一规范，同周边的环境协调一致。施工现场大门和门柱应牢固美观，高度不得低于 2m，大门上应标有企业标识。

工地出入口应尽量设置在与社会交通较好衔接但又不经常影响车辆通行的位置。出入口处为主要运输车辆出入口，设专用洗车槽，施工场地出入口与社会交通交接处便道进行硬化。在出入口的围墙或大门位置，明确标志企业名称或简称，字体、颜色及相关修饰内容符合企业 CI 要求。

建筑工程红线外占用地须经有关部门批准，应按规定办理手续，并按施工现场的标准进行管理。

（2）工程项目信息及主要管理制度标牌

根据不同地区要求，在出入口外侧尽量近的区域内设置工程项目标志牌，通常应包括：工程名称、面积、层数，建设单位、设计单位、施工单位、监理单位、政府监督人员及联系电话、项目经理及联系电话，开竣工日期。标牌面积不得小于 $0.7m \times 0.5m$，标牌底边距地面不得低于 $1.2m$。

施工现场大门内应有施工现场平面布置图、公共突发事件应急处置流程图和安全生产、消防保卫、环境卫生、文明施工制度板。

（3）其他临时设施

建设单位、施工单位必须在施工现场设置群众来访接待室，有专人值班，并做好记录。施工区域、办公区域和生活区域应有明确划分，设标志牌，明确负责人。

（4）施工场地循环道路

沿施工现场，根据仓库、料场、加工棚的位置设置可循环的道路。道路宽度依据现场实际情况，主干道设置的宽度确保运输车辆、混凝土泵车及构件运输时的会车宽度；或依据现场条件设置错车港湾，根据出入口设置的情况设置车辆调头位置。现场内道路应全面硬化处理，减少现场扬尘。材料堆放区域内的道路应能保证人员正常行走和材料收发时的操作，便于材料进出。

3. 施工现场办公和生活设施的布置及管理

（1）办公区

施工现场办公区域的布置和管理，是所在企业对施工现场管理理念、管理流程和管理制度的集中体现，是企业 CI 和 VI 落地实施的场所。

临时办公设施应与施工现场有明显的区域分隔。合理设计办公设施的体形和窗墙面积比，冬季利用日照并避开主导风向，夏季利用自然通风，最大限度地节约能源消耗。

施工现场统一配备水源、电源、供冷供暖、排风等设备，不得私搭私设。

临时办公设施照明使用节能灯具，办公区人走灯灭，杜绝长明灯。施工现场办公室等区域采用节能灯具，办公设备晚间关机并关闭电源。规定办公室合理的温、湿度标准和使用时间，提高空调和供暖装置的运行效率。设备的日常维护、保养有专人负责，保证设备的运行完好率。

（2）生活区

生活区与办公区域可以放置在一个大区域中但应该有明确的分隔，应尽量远离有毒有害物质。生活区必须有专人负责，应有消暑和保暖措施。现场设置施工人员宿舍、浴室、厕所，应符合卫生管理要求并定期消毒。施工现场设置食堂的，必须按规定办理相关证件并符合排烟、排水、隔油的规定，必要时按当地管理机关要求定期由第三方进行清理和检测。生活区内可配置锅炉房、晒衣区、洗衣台、排水系统、宣传栏等。

（3）垃圾站

现场应分别设置生活垃圾和生产垃圾。生产垃圾应集中设立，垃圾存放地建设封闭式垃圾站，并有回收分拣区域。垃圾站的大小应与工程建筑面积相符合，根据每日产生的垃圾量确定。为了保持工地及周围环境的清洁卫生，每天应安排专人清理打扫现场的施工道路，保持整洁有序的施工场地。在施工期间所产生的施工垃圾和生活垃圾及时清离施工现场，直至工完料清交付为止。垃圾口的大小要便于车辆进出清运。

多余渣土的清理手续可在业主的协助下，及时办理外运渣土。

4. 现场用水设施的布置及管理

（1）施工生产用水

根据施工现场用水量及现场的实际情况，设计施工现场给水管道主干管铺设路线，根据现场其他功能配置设置支管走向。应考虑工程施工季节和气候环境，对给水管道进行防冻处置；合理布置阀门位置，作为修理和处置其他紧急事项时使用。

施工现场设置废水回收设施，对废水进行回收后循环利用。在出场大门处设置车辆轮胎清洗冲刷台，并设专人协助车辆清洗工作。车辆在冲刷台有效清洗且轮胎上无泥垢后，方可离开现场，以防止车辆携带泥沙出场而污染周围道路。同时应配置相应的污水沉淀池，不得直接将污染物排入市政污水管线。混凝土泵车附近设置清洗泵车专用的二级沉淀池，污水经过二次沉淀之后再排入市政污水管线。沉淀池内沉淀物定期由专人负责清掏。

现场交通道路和材料存放场地统一规划排水沟，控制污水流向，设置沉淀池，将污水经沉淀后再排入市政污水管线，严防施工污水直接排入市政污水管线或流出施工区域污染环境。现场配备专门的洒水设施，设专人每天早晚对现场道路进行清扫工作，并洒水降尘，以防止车过尘起。当风力在四级以上时，每天要分早、中、晚三次对现场道路洒水。

现场内基坑降水的地下水，抽出后经导向管排入市政污水管网。雨水管网与污水管网要分开使用，不得将施工产生的污水排入市政雨水管网。

施工现场试验室的养护用水通过现场排水管线排到市政污水管线，严禁废水流到现场、污染路面。地下室用水应严格管理制度，有渗漏水时应及时排出。雨期施工对现场排水系统应做好日常维修。逢雨期增加潜水泵，提高排水流量、流速，确保排水畅通。

施工现场生产用水均使用节水型用水器具，在水源处应设置明显的节约用水标识。对用水量大的环节采用技改措施进行改进。

（2）消防用水

根据现场的实际情况及消防规范规定，消防管道与施工用水管道分两路布置，根据现场情况设计铺设方向及分布状况。消火栓间隔按规范不大于50m，消防用水干管及支管口径符合规定要求。

施工用水竖管及消防竖管在上层楼板浇注前应及时接高，并按每施工两层时接高两层进行，现场平面应及时清扫，保证干净、无积水。施工时应注意保证消防管路畅通，消火栓箱内设施完备且箱前道路畅通，无阻塞或堆放杂物。应加强现场厕所的卫生管理，及时冲洗、清扫，保持整洁。

生活区消防管道铺设及消火栓分布亦应符合消防规定要求。排水系统应有专人负责、定期检查和清除排水沟以及沉淀池中积存物，确保排水沟畅通。夏季为防蚊子滋生，生活区、施工现场应做到任何时间无积水。

（3）生活及办公用水

根据生活区布置及住宿人员数量，设置给水管道。对进入施工现场的施工人员进行节水教育，加强巡回检查监护，出现故障及时处理，确保生产、生活用水畅通。生活区内用水器具严禁使用当地明令禁止和淘汰的用水器具，并在水源处设置明显的节约用水标识。

生活区域负责人应定期巡视检查水源处用水器具使用情况，发现渗漏及时修复。按照使用区域细分用水计量节点，制定用水定额，考核各计量区域用水情况。

5. 消防设施的布置及管理

（1）消防设施的布置

1）根据施工现场的具体情况设置消火栓，并做到布局合理，经常维护和保养。在寒冷季节应采取防冻保温措施，保证消防器材灵敏有效。消火栓处昼夜设有明显标志，并配备足够的水龙带，消火栓进水干管直径不得小于 100mm。

2）重点防火部位、易发生火险的部位，配备足够的干粉灭火器材，随工程进度及楼层不断增高及时增加干粉灭火器。保证消防器材灵敏有效，干粉灭火器按规定时间更换干粉。灭火器材在经当地消防管理机构批准的供应商处购置。

（2）消防措施

1）加强用火用电管理，严格执行电、气焊工的持证上岗制度，无证人员和非电、气焊工一律不准操作电气焊割设备。使用电气设备和易燃、易爆物品，严格落实防火措施，指定防火负责人，配备工具，确保施工安全。

2）严格执行用火审批制度，操作前应清除附近的易燃物并开具用火证，配备看火人员及灭火器材。用火证当日有效，动火地点变换，重新办理用火证。消防人员对用火严格把关，对用火部位、用火时间、用火人、场地情况及防火要了如指掌，并对用火部位经常检查，发现隐患问题要及时予以解决。

3）施工现场内禁止存放易燃易爆有毒物品。因施工需要必须进入结构内的可燃材料，要根据工程计划，限量进入，并采取可靠的防火措施。上述物品进场时应事先征得上级管理部门的同意，发给特种物料进场许可证方可进入。对擅自进料或超过批准数量进料的，按消防法和内部规定追究主管人和当事人的责任。

4）在防水施工作业前，要制定防火预案，采取有效的防火措施。对防水材料的运输、使用、严格执行操作规程，明确专人负责组织施工，防止发生火灾和爆炸事故。

5）结构工程施工期间须设置消防竖管，直径不得小于 75mm，并随层数的升高每层设消火栓口，配备足够的水龙带。消防供水要保证水枪的充实水柱射到最高最远点，严禁消防竖管作为施工用水管线。消防泵房用非易燃材料建造，设在安全位置；消防泵的专用配电线路须引自施工现场总断路器的上端，并设专人值班，以保证连续不间断供电。

6）氧气瓶、乙炔瓶工作间距不少于 5m，两瓶距离明火作业点不少于 10m。焊接及气焊作业要佩戴好防护用品。

7）施工中，对所用木料加强管理。进场的新、整材料，要集中码放、整齐有序，并配备灭火器材，设专人看管。拆模后的木料要及时清运至专用木料周转场地，并严格管理。废旧木料要及时清运出场，严防火灾事故发生。

8）高空电焊作业时每一作业点都要配备专门看火人员，配齐灭火器材。作业完成后确认没有余火后，方准离开。

（3）消防管理

1）现场设置防火标志牌，设置防火制度、防火计划及 119 火警电话等醒目标志，标明发生火警时的逃生路线及集合地点。

2）施工现场内因施工需要使用易燃的稀释剂或添加剂时，须在工程结构外调制完毕后进入现场使用。对施工过程中的易燃物品要及时清理，消除火灾隐患。场内各种材料机具及各种材料设备码放要整齐，严禁占用消防通道。消火栓周围 3m 内不得存放任何物品。

3）施工现场内不准住人。特殊情况需要住人时，要报经上级机关批准，并与甲方签订协议，明确管理责任。

4）施工现场内禁止易燃支搭，现场及结构内不允许随便搭设更衣室、小工棚、小仓库。如确属需要，须经有关管理部门批准，并且使用非易燃材料支搭。

5）装修装饰施工期间，现场按照消防规定配备足够的消防器材，并设专人管理，保持灵敏有效。

6. 环境保护及其他设施的布置及管理

（1）现场扬尘控制设施的布置及管理

1）现场设立固定的封闭垃圾临时存放点，并在各楼层或区域设立足够的垃圾收集点。施工垃圾及时清运，并适量洒水，减少扬尘污染。

2）建筑结构内的施工垃圾清运，采用搭设封闭式临时专用垃圾道运输或采用容器吊运，严禁随意抛撒。

3）水泥和其他飞扬物、细颗粒散体材料，安排在库内存放或严密遮盖，在运输、卸运和使用时轻拿轻放，防止遗撒、飞扬，减少污染。

4）安排清扫道路和出入车辆的人员，将现场出入口及路上遗撒的渣土粉屑及时清除干净。

5）木工棚、库房和料场的地面全部硬化，并做到每天清扫，经常洒水降尘。

6）商品混凝土运输车出场前，清洗下料斗。为防止运输车遗撒，要求所有运输车卸料溜槽处装配防止遗撒的活动挡板，且清理干净后方可驶出现场。

7）所有进出现场的运输车辆，尾气排放须符合交通管理部门的规定；运送建筑垃圾的大型货车加盖，以免在运载时货物溢出或材料掉失。

（2）有害、污染物质控制设施的布置及管理

1）禁止各类明令禁止使用的对大气产生污染的建筑材料。不在施工现场熔融沥青或焚烧油毡、油漆以及其他产生有毒、有害烟尘和恶臭气体的物质。

2）加强对现场存放油料和化学品的管理，油料、化学品贮存要设专用库房，一律实行封闭式、容器式管理和使用。对存放油料和化学品的库房进行防渗漏处理，采取有效措施，在储存和使用中，防止油料跑、冒、滴、漏，污染水、土体。

3）模板施工涂刷隔离剂时，防止泄漏，以避免污染土壤。

4）装修施工中，油漆、涂料等化学品使用操作时，严禁遗撒。

5）架子管涂刷防锈漆时，在其下垫塑料布，以免滴下的油漆渗入地下。在工作面上刷防锈漆时，保证油漆不形成流坠现象。架子管除锈统一在操作间进行，将除下来的铁锈粉末集中处理。

6）施工现场食堂设隔油池，并及时清理。

7）施工现场设置的临时厕所化粪池做抗渗处理。

8）食堂、盥洗室、淋浴间的下水管线设置过滤网，并与市政污水管线连接，保证排水畅通。

（3）噪声控制设施的布置及管理

1）加强环保降噪意识的宣传，采取有力措施控制人为的施工噪声，严格管理，最大限度地减少噪声扰民。

2）施工现场配置相应的噪声监测装置，设专人每月进行一次噪声监测并做记录。

3）严格按照白天、夜间施工噪声控制标准控制作业，施工现场产生的噪声及其限值符合相关要求。

4）严格控制强噪声作业，施工现场在使用混凝土输送泵、电锯等强噪声机具时须配备消声装置，搭设隔声效果好的封闭式隔声木工棚或隔声混凝土泵房，实际检测效果达标的方可投入使用。

5）合理安排工程进度，尽可能使夜间施工作业为低噪声操作。

6）车辆进入现场要低速行驶且不能鸣笛，按指挥信号灯行驶。要在施工现场设置明显的"夜间不准鸣笛"标志。夜间施工车辆离开现场后可以略微提速，途经居民区时，减速慢行。

7）夜间施工时，严禁大声喧哗。夜间装卸建材时，对建材物资要"轻拿轻放"，统一码放。夜间在材料存放场清理材料时，轻拿轻放。

8）夜间浇筑混凝土时，地泵设置隔声棚，工作面四周立挂隔声布，尽量减少噪声扩散。

9）机电安装施工机具采用低噪声环保产品，对于施工方采购物资，选择符合国家环保要求的产品，减少对环境的污染。

（4）现场光污染控制设施的布置及管理

1）施工现场夜间照明，选择既能满足照明要求又不刺眼的新型探照灯灯具。调整灯头朝向由围墙一侧向内照射，使夜间照明只照射现场施工区域。

2）电焊作业时间尽量在白天，在高处进行电焊作业时采取遮挡措施，避免电弧光外泄。

（5）卫生防疫及其他控制设施的布置及管理

1）现场应设立卫生防疫领导组织，负责施工现场和办公区行政卫生管理及流行病预防和控制；根据季节变化的特点，管理好施工现场的环境卫生，并结合现场实际情况，做好流行性感冒、非典型肺炎、高致病性禽流感等流行疾病的防控。

2）设专职行政卫生监督管理人员，负责施工现场行政卫生的组织管理工作。

3）食堂有相关部门发放的有效卫生许可证，各类器具规范清洁。炊事员应持有效健康证。

4）根据施工人数，在施工现场统一规划、设置饮水站，确保施工人员的饮水供应。

5）现场厕所内器具齐全，并设专人负责清扫保洁，采取水冲措施，及时清掏，及时打药，防止蚊蝇滋生。

6）工人用餐后由卫生清洁人员负责把食用垃圾清理干净。生活垃圾装袋搜集，并与建筑垃圾分开，集中存放，及时清运出场。

7）焊接作业时，操作人员应佩戴防护面罩、护目镜及手套等个人防护用品。高温作业时，施工现场应配备防暑降温用品，合理安排作息时间。

8）宿舍、食堂、浴室、厕所应有通风、照明设施，日常维护应有专人负责。

（三）仓库料场和加工场所的布置和管理

根据现场的平面布置规划，合理设置和搭建仓库、料场和加工场所，不仅有利于材料的进场、码放、加工和发放，也将有助于现场的道路畅通，工序搭接顺利，并能够最大限度地减少生产安全隐患。

1. 材料堆场的设置和管理

料场的整体布置应依据建筑物、道路的布置，选择地势较高的地方设置，尽量安排在材料使用最便捷、距离最近的位置，并在塔吊的覆盖范围内。应有料场的环境保护设施，减少现场扬尘及材料对土地、植物的破坏。施工现场一般可设钢筋、模板（木材）、构件、墙体和其他材料的堆放场地。

（1）钢材堆放场地的设置和管理

一般情况下，钢材的存放场所选择在场地相对较大的地带，并尽量靠近塔吊吊臂覆盖范围内，以利于装卸搬运。如果现场进行钢筋加工，加工区域与钢筋存放区域保持最近距离。以能够存放供应间隔期内的最大需用量和方便施工为原则。料场面积应能容纳各品种规格的分类码放，用标识牌明确区分边界。

若采取场外加工，进场成型或成品钢筋时，存放面积应能保证按施工部位码放的要求，同时设置标识牌和检验状态标志。雨期施工时，应有适当苫盖措施。钢筋料场应地面平整、排水顺畅、铺设垫木，码放高度不易过高，防止制品受压变形。

（2）模板堆放场地的设计和管理

模板、周转材料堆放区域应留出清理区域，使处理前后的周转材料能够分开存放。存放大模板时必须在大模堆放四周设置钢质围栏，高度不得低于1.5m，且涂刷明显标志。

根据工程的模板使用种类，模板用量及周转速度，计算模板堆放所需要的面积。同时应考虑不同模板类型所需要的回收、清理或加工改制的位置设置。模板是可以重复利用的周转类材料，应做好新、旧品的区分及账目的管理。

存放小型钢模板时，应确保能按规格分别码放。模板码放应整齐，受力均匀，地面垫起。连接件及其他配件应分品种和规格堆放，可以装箱装袋存放，避免混杂和散失。设置回收清理区域，将回收和用于下一次周转的模板进行清理、涂油和适当的加工改制。对回收的零配件要逐个清除污垢，涂油养护后备用。支撑材料及配件分类存放。

存放木模板时，应按类别和长短分类码放整齐。存放板类时，应确保板材表面干净、没有破损，可分层错头码放，每层间加垫块，便于清点和发放。存放木方材时，可码放成十字交叉垛，便于清理和通风干燥。支撑材料及配件分开存放。木模板可能存在着大量的端头短料，需要进行一定的改制和加工。如果现场设置木材加工区域，应在加工区域内统一改制和加工；若现场未设置木材加工区域，则在现场设置的统一加工区域进行操作，不得在模板堆放区域内进行。存放区域内设置消防设施并确保灵敏有效。

存放大型钢模板时，应设置能够隔离车辆和行人的隔离设施，大模板的停放位置距离车辆和行人可靠近距离至少3～5m。码放时注意支撑牢固、码放平稳，在醒目位置设置"请勿靠近"标志。清理模板及配件时，要严格按操作规程实施，并设置专人进行看护和巡视，避免发生倒塌、失稳和坠落等伤害事故。

存放其他复合材料模板时，应根据复合材料的性能要求和模板尺寸的大小，划分存放的疏密间距和适宜的码放形状，原则上码放高度不许超过 1.8m。根据现场施工安排，可划分出适当的清理区域，但不允许在此区域内进行加工或改制。

木材的堆放场所必须设置较高密度的消防设备，最好与生产和生活设施分开一定的距离或设置隔离墙。

（3）构件堆放场地的设置和管理

构件场地的长度和宽度，要根据工程项目所用构件的最大尺寸设置，地面应平整坚实。垫木位置应整齐划一，并根据进场构件的大小调整到合理受力位置。

存放混凝土构件时，应在最初吊装放置时就确保码放位置正确、垫木位置受力均匀。码放高度不得超过 1.8m 且确保垛位平稳。定期检查构件受压变形情况，如发现裂纹、受力不均、垛位不平衡时，应及时报告并立即调整码放。

存放金属构件时，应根据构件的形状选择适宜的形状和高度，以不受压变形为基本前提。注意构件的品种规格标志完整和清晰可见，尽可能按照使用时间早晚顺序码放。如需吊装设备，要选好吊装位置，避免吊装中的散落、摔砸和挤压。金属构件大多品种规格繁杂，应保持品种规格标志的完好并详细记录存放位置，以提高施工现场材料发放工作效率。

（4）砌块及大堆材料堆放场的设置和管理

现场砂石料的存放场所必须砌筑分离墙和围墙，地面平整并经过处理，确保砂石不混淆、不散落、不飞扬。

现场堆放砂、石、土等大堆材料时，往往是开放式存放和使用。因此，在存放场地上要设置边界隔离设施，避免摊延；不同品种规格间应设置挡板，避免混杂。防止扬尘应有覆盖装置及日常的洒水等防尘措施。冬期施工时应有防水（雪）措施和设置。材料的发放应在管理制度中明确，避免消耗计量失准。

现场存放垫块时，应设置在远离行人穿行的地方。根据砌块的材质和受力程度选择码放高度，但不允许超过 1.8m。码放的垛位应稳固可靠，与其他障碍物的间距不得妨碍施工机具的通过。原则上进场后即交付作业使用单位，由使用人员负责管理和使用，但材料部门必须进行监督检查。若为多个作业单位使用则应分开码放并明确分配数量和管理责任。

现场存放其他墙体材料时，可根据材料的数量、使用部位、使用人员及材料性能特点，采取责任到人（班组）的方法明确管理和使用职责。

（5）其他材料堆放场地的设置和管理

工程项目所需要的其他材料，如压型钢板、小型机电设备、水电设备安装用半成品等，应划分堆放区域，标志清楚。地面硬化的，一般也应视存放材料的材质和性能特点，选择垫起的高度和需要覆盖或遮掩的装置。如果为专业分包单位自行存放的，应经常巡视检查，做好监督和提示。原则上建筑物结构内，不允许随便搭设小工棚、小仓库，如确属需要须经安全管理部门批准。

（6）料场的管理

1）制定料场管理制度，明确验收、保管、发放、回收及安全保卫、环境维护等责任分工及区域责任划分；明确各项业务流程及标准要求；根据现场平面布置配备标识、苫垫设施、照明设备；明确检查巡视制度及有关记录等。

2）各料场配备主责材料人员，做好岗前专业技能培训和管理制度培训，定期进行专业交底和安全交底，遇有重要物资进场时，材料部门负责人必须进行专项交底。

3）主管料场的材料员，应定期检查料场地面负荷及各项防水防倒塌防损坏的设施是否齐全有效。

4）严格按平面布置规划堆放材料，清晰划分检验状态区域。

5）装卸材料应依据材料的形体和性能特点选择装卸方法和吊装位置，集中管理和处置包装物品。

6）依据施工组织要求的材料验收标准验收材料；按照保管规程要求确保材料性能不损失，数量不丢失，码放不混串；遵守材料发放制度，严格遵循发放程序；做好收管发的内业和资料管理。

7）凡有回收端头短料或重复利用要求的材料，应设置隔离区域保管，按材料管理制度要求的程序处理。

8）现场设置消防工具和消防水源，按照现场安全消防要求配备灭火装置和灭火覆盖用砂堆。雨期施工时应准备挡水砂袋等防洪器具。

9）做好现场的扬尘控制，对粉末状和易飞扬材料应及时覆盖、洒水降尘，及时清洗运输车辆。

2. 库房和料棚的设置和管理

根据现场材料储备管理的需要，库房的设置应以满足施工生产需要，保障材料性能稳定，库房运转安全，材料收发便捷高效为原则；同时根据工程特点和施工技术要求，考虑环境保护的要求和对操作人员职业健康管理的规定等因素，实现科学、规范的设置和管理。

工程项目建设周期的长短、使用功能的复杂程度以施工工艺的不同，都会影响施工现场所使用材料的品种、数量的多少，进而影响施工现场库房的设置。通常情况下，从施工现场储备管理角度，库房的设置应考虑储备容量大小、装卸收发的操作要求和保管条件的要求。

建筑物内不允许存放材料。因特殊原因必须存放时，必须写出专项申请报告，报上一级消防管理部门审批，并设置制定消防措施的预案，待批准后方能存放。

（1）库房的面积设置

在第四章《材料储备管理》中，已确定了为保证日常施工生产的材料需用而设立的经常储备量的情况下，为应对特殊情况不使材料供应中断的保险储备量，为满足季节性生产和季节性需用的季节储备量。设置仓库时，应考虑上述三部分储备量中需要存放库房的材料品种，同时考虑施工现场办公及行政生活用材料的存放，根据需要存入库房的材料品种而确定。通常可按以下方法设置：

1）原材料库房

根据需要进入库房保管材料的消耗速度，合并考虑供应间隔期和保险期，作为设置原材料库房面积的基本依据。即：

$$库房最大贮存量 = 经常储备量 + 保险储备量$$

若主要施工阶段材料用量最大的时期正值雨期或冬期等需要同时考虑季节储备量

时，则：

库房最大贮存量＝经常储备量＋保险储备量＋季节储备量

将上述储备量按照材料保管规程的要求码放时的面积设置库房的大小。

现场存放水泥时，必须搭设封闭式仓库；在不同方向至少设置两扇门，以保证先进先出；仓库地面和墙壁必须设置防潮层，地面应平整易于清理散落水泥。

2）五金化杂库房

小五金、工具、水电材料、卫生洁具、墙地砖等的存放仓库，可设立一般性的仓库，门窗能够关闭。施工现场应将五金料、化工材料、劳保用品、工具等单独设置库房，因其品种规格多，数量不多，收发频繁，不适宜与原材料库房混在一起。通常根据工程面积大小，施工周期的长短，大都依据现场场地情况，以各类物品能分类上架存放为最低限制。

3）专用库房

易燃易爆材料的存放仓库，应单独设置，必须安装换气扇或通风设施，室内外同时设置消防装置。施工生产中使用的易燃易爆材料，油料、化学品及腐蚀性、挥发性材料，需要特殊温度、湿度保管要求的材料，必须设置专用库房，一律实行封闭式、容器式管理和使用。地面要进行防渗漏处理。如果所存放的危险品之间有性能抵触者，则应分别设置不同的库房。其所用面积并不一定很大，但必须独立并远离电、气、水源，远离生活区和办公区。

4）料棚

如果工程规模较大或搭建库房受限，或因现场布置需要随施工进度而不断调整变化时，可搭建一定面积的料棚，用于材料的快速周转和短期的存放。也可通过苫垫等措施将库房无法容纳的材料暂时存放在料棚。料棚应依现场条件而定，一般不宜面积过大。

5）行政生活用品库房

非生产用材料和物品，应设置独立的库房，不能与生产用材料混合存放。面积大小可依需要和场地条件而定。

行政生活用品中易腐蚀、易变质、易过期的物品，应按保管要求或时间分别码放，经常检查和清理。易受虫鼠害侵扰的物品，应设置防虫药剂和防鼠器具，并在周边放置明显的提示性标志。易燃易爆物品，应单独隔离存放且存放数量仅限于周转用量。要按照现场管理要求设置防爆装置和防火器具。必要时地面做防渗处理，库房排风应顺畅。

（2）**库房的位置设置**

库房的位置应依现场条件而确定，但应遵循以下基本原则：

1）原材料库房必须设置在施工生产区域，尽量远离生活和办公区域，选择在车辆可以通行且现场作业人员流动相对较少的区域。

2）远离施工现场的主出入口，远离变压器、泵站区域。

3）尽可能与料场和加工区域在同一动线区域内，便于材料人员的管理。

4）危险品库房，应远离水、电、气源位置，尽量设置在现场的次要出入口处，在现场平面布置图上标志明显的提示性颜色。

5）行政生活用品库房应设置在生活办公区域。存放油类、天然气瓶等易燃易爆物品时，应与食堂、宿舍间砌筑隔离墙，

（3）**库房的功能设置**

1）库房应设置门窗，并确保能够正常开启和密闭。根据库房所保管物资的不同，确定开窗通风的时间，人走门锁。

2）库房处应设置临时堆放区，用于堆放待检验材料。在库房入口处设置检验台，存放检验工具、票据及账卡等资料、保管员劳动保护用品和其他办公用品。

3）根据库房存放的材料品种，可设置排架式保管方式，架与架之间的距离至少间隔80～100cm，架与墙间的最小距离为50cm。也可设置高于地面30～50cm的垛位，用于码放形体较大不易货架码放的材料。各种支搭设施不得使用易燃材料。

4）有特殊保管要求的专用库房应设置温度湿度仪，必要时配备加热、降温和干燥设备或物品。库房应使用防爆照明，照明器具周边距离存在的材料至少50cm。

5）库房内应配备消防器具，放置在固定位置。定期检查其有效期及完好状态。雨期应配备防洪用品。存有挥发性气体的库房应安装排风换气装置。

（4）库房和料棚的管理

库房管理制度由材料部门负责制定，库房应设专人负责。

1）制定管理制度

库房的管理制度应包括材料验收要求、验收程序；材料保管要求；材料发放程序；盘点周期、盘点内容及盘点报告编制；票据及账务规定；安全消防管理等。主要安全措施及操作程序应上墙明示。

材料进出的票据及账册、表格应统一印制，各类进、出、调拨材料的印章应由负责采购、发放和调拨材料的主管部门保管，但应将印模提供给库房以备查验。

定期检查考核各项制度执行情况，遇有临时发现问题应及时补充和修订管理制度。

2）保管员管理

保管员应持证上岗，熟悉相关管理制度，了解所在工程项目的材料需用特点和要求；掌握对所管材料基本性能、保管要领的基本技能；具备常用的计量、统计、合同、财务知识；了解劳动保护基本要领，具备自我安全保护和防止意外伤害的基本素质；知晓治安防范的基本操作程序和应急处置的基本技能。

保管员应具备养护材料的技能，对发生锈蚀、破损、受潮、受冻、虫鼠害侵扰等遭受影响的材料具备恢复、解决和减轻损失的能力。

保管员应具备开具票据、完成签认手续、建立并维护保管账目的能力；应具备汇总数据、编制简易报表和情况报告的能力。

3）库房的日常维护

保管员在工作时间应坚守岗位，及时验收和发放材料，不影响施工生产对材料的需用。离开库房时必须关窗锁门，雨、雪季节应每天检查库房渗漏情况。保持库房的清洁和整洁，及时清理遗撒材料和包装物品。每天应巡视库房各项设施的完好程度，每天对有动态的材料进行清点核查，保管账目做到日清月结。

库房内不得存放个人物品，不得存放非在账物品。如有回收材料应单独设账并集中区域存放，避免新旧混杂。

按月、季、年进行盘点，检查账实是否相符、账票是否相符；定期到财务部门对账，做到账账相符。盘点盈亏应编制盘点报告报主管部门审核批准方可调整账目。材料的码放尽量按保质期不同分别存放，日常保管及盘点中，对即将临近保质期、有效期的材料，应及时或定期向主管部门提交报告单，提示尽快进行材料调拨或使用，减少材料和经济损失。对时效性较强的材料，如水泥，必须按出厂日期不同分开码放，发放时按照先进先出的原则执行。

对已过期或破损并不能使用的材料应编制材料报废报告及清单，待主管部门审核确认后方可调整账目。

3. 加工区的设置和管理

现场一般设置钢筋加工和木材加工区域。钢筋加工棚要完全封闭并有防噪声措施；木材加工场要有降尘和降噪设施，同时要有消防设施。加工区域的生产用电器材选择必须符合安全管理规定，安装符合操作规定。

（1）钢筋加工区的设置和管理

钢筋加工区：分为钢筋调直区、钢筋制作棚、钢筋堆放三块区域。

1）加工区域与钢筋的存放场合并考虑，使加工区域与钢筋料场的面积大小、收发流转线路顺畅，避免与现场道路、操作人员流动的混乱交叉。

2）钢筋加工区域应封闭，设置降低噪声的围护墙体和门窗。加工设备也应设置防护罩，降低现场噪声污染。操作人员配备防护器具，减少劳动伤害。

3）钢筋加工剩余的端头短料回收后，统一存放、保管和处置。对于可利用的短料，应制定再利用方案，通过材料退回、再发放手续，或通过再加工物品的价值估算等方法考核材料节约利用情况。

4）钢筋加工区域的用电设备应符合安全管理要求，设备的操作注意事项应上墙明示。设备的维护保养应符合设备管理规定。

5）加工后的成品、半成品应分品种码放，在交付使用前应注意保管。

（2）木材加工区的设置和管理

木工加工区分为木工棚和模板、方木堆场，木工棚配置两台圆盘锯。根据工期需要，配备足够机械，确保工期进度。

1）施工现场设置木材加工区域时，应与施工区域保持一定的距离，并作为现场的重点防火区域在其周边做出明显标志。

2）加工区域尽量封闭，因条件限制不能封闭时，加工设备应设置防噪声保护装置，减少现场及对周边的噪声污染。

3）加工设备应配备防尘设施或粉尘回收装置，对加工现场的碎屑粉尘及时清理。

4）操作工人必须经培训后上岗，定期进行安全交底，操作中必须佩戴防噪和防尘等保护用品。

5）加工区内的用电装置应由现场统一配置和管理，在设备启动处的明显位置张贴操作规程和注意事项。照明应用防爆灯。

6）加工区域内应在明显位置标示遇有电、火、粉尘等突发灾害时的应急措施和简易救护规程。

7）定期检查加工区内用电线路、电源控制装置、设备完好状态、防护措施正常状态等，并做好检查记录。

（3）其他加工设施的设置和管理

施工现场需要进行模板加工、预埋件施工、防水施工前的准备、装修材料的预调预裁等加工时，应设置固定的加工区域。根据加工的类型不同，做好技术交底和安全交底，根据相应的风险设置专人看护，或采取临时的防护措施。

材料部门应根据每天的生产作业安排，经常性巡视加工区域内的作业动态及防护措施的落实情况。根据施工进度和加工动态协调材料进场和发放时间。检查操作步骤和遵守操作规程情况，做出相应记录并进行专业指导和提示性警告。

七、周转材料及工具管理

在建筑产品的建造过程中，模板、脚手架、安全网及各专业工种工人所使用的工具，最终并未进入工程实体，没有像工程材料那样被"消耗"掉，但却在"消耗"材料的时候起到了帮助、支持、辅助的作用，在其反复的使用中逐渐磨损、报废。其消耗特征与工程材料消耗虽然不相同，但亦有共性的地方。因此，在建筑工程造价组成的划分中，将这部分内容也列入材料费用中。

（一）周转材料的管理

1. 周转材料管理的特点

从一般建筑材料的价值转移方式和价值补偿方式来看，其价值是一次性地全部转移到建筑物中去的。而周转材料却不同，它能在数个施工过程中反复使用，而不改变本身的实物形态，直至完全丧失其使用价值，损坏报废时为止。它的价值转移是根据其在施工过程中的损耗程度，逐渐地分别转移到产品中去，成为建筑产品价值的组成部分，并从建筑物的价值实现中逐渐得到补偿。

当然，在一些特殊情况下，由于受施工条件限制，有些周转材料也是一次性消耗的，其价值也就一次性转移到工程成本中去。如大体积混凝土浇捣时所使用的钢支架等在浇捣后无法取出，钢板柱由于施工条件限制无法拔出，个别模板无法拆除等等。也有些因工程的特殊要求而加工制作的非规格化的特殊周转材料，只能使用一次。这些情况虽然核算要求同材料性质相同，实物也作销账处理，但也必须严格管理，做好核算，降低工程成本。因此，搞好周转材料的管理，对施工企业来讲是一项至关重要的工作。

由于周转材料可以多次使用，因此其管理方法与只能一次性使用的材料有所区别。周转材料新、旧品的管理，在用、待用状态的管理，发放回收的管理以及维修改制管理等内容明显区别于通常意义上的材料管理。

2. 周转材料的分类

施工生产中常用的周转材料包括定型组合钢模板、大钢模板、滑升模板、飞模、酚醛覆膜胶合板、木模板、杉槁架木、钢和木脚手架、门型脚手架以及安全网、挡土板等。周转材料按其自然属性可分为钢质周转材料、木质周转材料、竹木和塑钢等复合周转材料等；按使用对象可分为混凝土工程用周转材料、结构及装修工程用周转材料和安全防护用周转材料。

近年来，由于建筑施工技术的进步，周转材料已从传统的杉槁、架木、脚手板等"三大工具"发展到以高频焊管和钢制脚手架为主，木模板也逐步被钢模板、竹木模板、塑钢模板所取代。

需要指出的是，这种变化并非是简单的材质取代和功能模仿，而是在原有基础上的改进和提高，有利于周转材料朝着系列化、标准化和规范化方向发展。

3. 周转材料管理的任务

周转材料的管理任务就是满足工程项目施工工艺要求，配合施工生产任务完成，同时实现周转材料的费用降低。

（1）根据技术要求和生产需要，及时、配套地提供适量的各种周转材料。

（2）根据不同周转材料的特点建立相应的管理制度和办法，加速周转，以较少的投入发挥尽可能大的效能。

（3）加强维修保养，延长周转材料的使用寿命，提高使用的经济效果。

4. 周转材料管理的内容

（1）使用

周转材料的使用是指为了保证施工生产正常进行或有助于产品的形成而对周转材料进行配制拼装、支搭以及拆除的作业过程。

（2）养护

包括除却灰垢、涂刷防锈剂或隔离剂，分类码放，妥善保管，使周转材料处于随时可投入使用的状态。

（3）维修

对已遭到损坏的周转材料进行修复，使之恢复或部分恢复原有功能。

（4）改制

对损坏且不可修复的周转材料，按照使用和配套的要求进行大改小，长改短的作业过程。

（5）核算

包括会计核算和统计核算。会计核算主要反映周转材料投入和使用的经济效果及其摊销状况，它是资金（货币）的核算；统计核算主要反映数量规模和使用状况，它是数量的核算。业务核算是材料部门根据实际需要和业务特点而进行的核算，它既有资金的核算，也有数量的核算。

5. 周转材料的管理方法

（1）租赁管理法

1）租赁的概念

租赁是指在一定期限内，拥有租赁物产权的一方向使用方提供使用权，不改变所有权，双方各自承担一定义务和责任，履行契约的一种经济关系。

实行租赁管理方法必须将周转材料的产权集中于企业进行统一管理，这是实行租赁管理方法的前提条件。

在社会化大生产的趋势中，企业不应追求大而全、小而全而拥有全部生产设施。通过租赁方式获得生产设施，可以减少企业周转材料的购置量，减少资金占用，降低相关的各项管理成本。特别是对于小型企业，通过租赁管理方法，可以有效地降低生产成本。即使是大中型施工企业，自身拥有一定规模的周转材料，为了提高使用效率也应加强核算和使用管理，通常在企业内部也实行市场化租赁管理方式，可以充分地利用使用价值，增加经济收益。

实行租赁管理，可以提高对周转材料的专业化管理水平，可以形成一定的经营规模，有利于推动周转材料使用中新技术、新工艺的广泛应用。

2）租赁管理的内容

以企业内部周转材料的租赁为例，租赁管理主要包括以下内容：

首先，应根据周转材料的市场价格变化及周转材料摊销额度要求测算租金标准，使之与工程周转材料费用收入相适应。其一般测算方法是：

$$日租金 = \frac{月推销费 + 管理费 + 保养费}{月度日历天数}$$

式中，管理费和保养费均按周转材料原值的一定比例计取，一般不超过原值的2%。

其次，是签订租赁合同，在合同中应明确以下内容：

① 明确租赁品种、规格、数量，并附有租用品明细表以便核查；

② 明确租用的起止日期、租用费用以及租金结算方式；

③ 规定使用要求、质量验收标准和赔偿办法；

④ 明确双方的责任和义务；

⑤ 违约责任的追究和处理。

第三，考核分析租赁效果，提高租赁管理水平。主要考核指标有：

① 出租率

$$某种周转材料出租率 = \frac{期内平均出租数量}{期间平均拥有量} \times 100\%$$

期内平均拥有量为以天数为权数的各阶段拥有量的加权平均值。

② 损耗率

$$某种周转材料损耗率 = \frac{期内损耗总金额}{期间出租总金额} \times 100\%$$

③ 周转次数

$$周转次数 = \frac{期内模板支模面积(m^2)}{期间模板平均拥有量(m^2)}$$

3）租赁管理的程序

工程项目施工中，使用周转材料且采取租赁方法时，应遵守以下操作程序。

① 租用

项目确定使用周转材料后，应根据使用方案制定需求计划，由专人与租赁方签订租赁合同，并做好周转材料进入施工现场的存放及拼装场地等各种准备工作，

② 验收

工程项目的材料部门会同周转材料的使用方，对出租方提供的进场周转材料进行验收。按合同要求清点数量，按品种规格分别记入《周转材料租赁台账》（表7-1），必要时注明新旧程度或缺损程度，由租赁双方签认。

周转材料租赁台账　　　　　　　　　　　　　　　表 7-1

租用单位：_____

工程名称：_____

租用日期		名称	规格型号	计量单位	租用数量	合同中止日期	合同编号
月	日						

③ 使用

周转材料使用方办理使用手续后，应确定专人管理具体的发放、拼装、搭设。每个使用期结束后应集中堆放，清理养护。全部使用完毕后回收清理，分类码放。

④ 回收

材料部门对使用后的周转材料进行验收，核对品种、规格及数量，如有丢失，应由使用方予以赔偿。如有损坏的，区别严重损坏（指不可修复的，如管体有死弯，板面严重扭曲）、一般性损坏（指可修复的，如板面打孔、开焊等）、轻微损坏（指不需要使用机械，仅用手工即可修复的）的不同程度由使用方予以赔偿。

⑤ 结算

租金的结算期限一般自提运的次日起至退租之日止，租金按日历天数考核，逐日计取，按月结算。租用单位实际支付的租赁费用包括租金和赔偿费两项。根据结算结果填写《租金及赔偿结算单》（表 7-2）。

租金及赔偿结算单　　　　　　　　　　表 7-2

租用单位：_____

工程名称：_____

名称	规格型号	计量单位	租用数量	租金				赔偿费		金额合计
				退库数量	租用天数	日租金（元）	金额（元）	赔偿数量	金额（元）	
合计										

为简化核算工作也可不设《周转材料租赁台账》，而直接根据租赁合同进行结算。但要加强合同的管理，避免遗失。

（2）周转材料的费用承包管理方法

周转材料的费用承包是适应工程项目施工承包的一种管理形式，或者说是工程项目承包对周转材料管理的要求。是指以单位工程为基础，按照工程造价中周转材料的基本费用，测算出承包费用额度交由承包者使用，实行节奖超罚的管理。

1）承包费用的确定

① 承包费用的收入

承包费用的收入即是承包者所接受的承包额。承包额有两种确定方法，一种是扣额法，另一种是加额法。扣额法指按照单位工程周转材料的概（预）算费用收入，扣除规定的成本降低额后剩余的费用；加额法是指根据施工方案所确定的使用数量，结合额定周转材料和计划工期等因素所限定的实际使用费用，加上一定的系数额作为承包者的最终费用收入。所谓系数额是指一定历史时期的平均耗费系数与施工方案所确定的费用收入的乘积。公式如下：

扣额法费用收入 ＝ 概(预)算费用收入(元)×(1－成本降低率%)

加额法费用收入 ＝ 施工方案确定的使用费用(元)×(1＋平均耗费系数)

式中：

$$平均耗费系数 = \frac{实际耗用量 - 定额耗用量}{实际耗用量}$$

② 承包费用的支出

承包费用的支出是在承包期限内所支付的周转材料使用费（租金）、赔偿费、运输费、二次搬运费以及支出的其他费用之和。

2）费用承包管理法的内容

① 费用承包的准备

根据承包方案和工程进度认真编制周转材料的需用计划，注意计划的配套性（品种、规格、数量及时间的配套）。要留有余地、不留缺口。

根据配套数量和租赁部门租赁意向，做好进场前的各项准备工作，包括选择存放和拼装场地、开通道路等，对现场狭窄的栋号应做好分批进场的时间安排，或事先另选存放场地。

② 签订承包合同

承包合同是对承、发包双方的责、权、利进行约束的法律文件。一般包括需用周转材料的品种、规格、数量及承包期限、费用标准、双方的责任及权利、不可预见问题的处理以及奖罚等内容。

③ 承包额的分解

承包额确定之后，应进行大略的分解。以施工用量为基础将其还原为各个品种的承包费用。例如按照工程预算中钢模板和钢脚手架所占的比例不同，分解为钢模板费用和钢脚手架费用；也可按施工队伍或承包部位分解承包额，划小承包区域，以便于责任落实。

④ 费用承包效果的考核

承包期满后要对承包效果进行认真的考核、结算和奖罚。

承包的考核和结算是指对承包费用进行收、支对比，出现盈余为节约，反之为亏损。如实现节约应对参与承包的有关人员进行奖励。可以按节约额进行奖励，也可扣留一定比例后再予奖励。奖励对象应包括承包班组、材料管理人员、技术人员和其他有关人员，按照各自的参与程度和贡献大小分配奖励份额。如出现亏损，则应本着与奖励对等的原则对有关人员进行罚款。费用承包管理方法是目前普遍实行的项目承包责任制中较为有效的方法，企业管理人员应不断探索有效管理措施，提高承包经济效果。

（3）周转材料的实物量承包管理方法

实物量承包的主体是施工组织，也称施工队。它是根据使用方案，按定额数量对施工队伍配备周转材料，规定损耗率，由施工队伍承包使用，实行节奖超罚的管理办法。

实物量承包是费用承包的深入和继续，是保证费用承包目标值的实现和避免费用承包出现断层的管理措施。

1）承包数量的确定。以组合钢模为例，说明承包数量的确定方法。

① 模板用量的确定

根据合同中混凝土工程量编制模板施工配模图，据此确定各品种规格的模板计划用量，加上一定的损耗量即为交由施工队伍使用的承包数量。公式如下：

$$模板承包数量(m^2) = 计划用量(m^2) \times (1 + 定额损耗率 \%)$$

式中，定额损耗率一般不超过计划用量的 1%。

② 零配件用量的确定

零配件定包数量根据模板承包数量来确定。通常每万 m^2 模板零配件的用量分别为：

U形卡：140000件；插销：300000件；

内拉杆：12000件；外拉杆：24000件；

三形扣件：36000件；勾头螺栓：12000件；

紧固螺栓：12000件。

$$零配件定包数量（件）＝计划用量（件）\times（1＋定额损耗率\%）$$

式中，

$$计划用量（件）＝\frac{模板定包量（m^2）}{实际耗用量（m^2）}\times相应配件用量（件）$$

2）实物量承包管理的内容

将确定承包量后的周转材料发放给施工组织，双方签认后交由施工组织使用，直到使用完毕后全部退回。退回时必须双方同时验收，清点全部数量并记载损坏程度，作为双方结算的依据。

实物量承包效果的考核，主要是对损耗率的考核，即用定额损耗量与实际损耗量相比，如有盈余为节约，反之为亏损。如实现节约则全额奖给定包施工队伍，如出现亏损则由施工队伍赔偿全部亏损金额。公式如下：

$$奖罚金额（元）＝定包数量（件）\times原值（元）\times（定额损耗率\%－实际损耗率\%）$$

式中，

$$实际损耗率＝\frac{实际损耗量}{定包量}\times100\%$$

根据承包考核结果，编制《施工队伍承包结算单》，对承包的施工队伍兑现奖罚，见表 7-3 所示。

定 包 结 算 单　　　　　　　　　　　　　　　　表 7-3

单位：_____

分包：_____　　　　　　　　　　　　　　　　编号：_____

材料名称	规格型号	计量单位	计划单价	定包数量总金额	定额损耗总金额	实际损耗总金额	奖罚金额

（4）周转材料租赁、费用承包和实物量承包三者之间的关系

周转材料的租赁、费用承包和实物量承包是三个不同层次的管理，是有机联系的统一整体。实行租赁办法是对工程项目整体周转材料费用的控制和管理；费用承包和实物量承包是项目对分承包方所承担的单位工程或承包栋号所进行的费用控制和管理；这样便形成了不同层次、不同对象的，有费用和数量的综合管理体系。因此，降低企业周转材料的费用消耗，应该同时搞好三个层次的管理。限于企业的管理水平和各方面的条件，作为管理初步，可于三者之间任择其一。但如果实行费用承包则必须同时实行实物量承包，否则费用承包易出现断层，出现"以包代管"的状况。

（二）工具的管理

1. 工具管理的特点

工具具有与周转材料共性的特点，一般可以多次使用，在生产中能长时间发挥作用。

因此工具管理的特点是使用过程中的管理，是在保证生产适用的基础上延长使用寿命的管理。工具管理是施工企业材料管理的组成部分，工具管理的效果，直接影响施工能否顺利进行，影响着劳动生产率和工程成本。

2. 工具的分类

目前，我国的建筑施工生产大量仍以手工操作为主。如结构施工中的钢筋绑扎、木模板支搭；设备安装和装饰装修工程更多地以手工操作为主。这就决定了施工工具不仅品种多，而且用量大。建筑企业的工具消耗，一般约占工程造价的 2% 左右。因此，搞好工具管理，是提高企业经济效益的重要途径之一。为了便于管理通常将工具按不同内容进行分类。

（1）按工具的价值和使用期限分类

1）固定资产工具

是指使用年限 1 年以上且单价在规定限额以上的工具。如 50t 以上的千斤顶，测量用的水准仪等。

2）低值易耗工具

是指使用期或价值均低于固定资产标准的工具。如手电钻、苫布、扳手、手推车、灰桶等。这类工具量大、品种复杂，约占企业工具总价值的 60% 以上。

3）消耗性工具

是指价值较低，使用寿命很短，重复使用次数很少且无回收价值的工具。如铅笔、扫帚、油刷、锨把、锯片等。

（2）按使用范围分类

1）专用工具

是指为某种专业工种需要或完成特定作业项目所使用的工具。如千斤扳手、量卡具以及根据需要而自制或定购的非标准工具。

2）通用工具

是指被各工种广泛使用的定型产品，如各类扳手、钳子等。

（3）按使用方式和保管范围分类

1）个人随手工具

是指在施工生产中使用频繁，体积小且主要由个人使用的小型工具，因便于携带而交由个人保管的工具，如瓦工的大铲、瓦刀、抹子；电工的电笔、改锥、钳子等。

2）班组共用工具

是指在一定作业范围内为一个或多个施工组织所共同使用的工具。它包括两种情况：一是在班组内共同使用的工具，如手推车、水桶等；二是在班组之间或工种之间共同使用的工具，如水管、搅灰盘、磅秤等。前者一般固定给班组使用并由班组负责保管，后者按施工现场或单位工程配备，由现场材料人员管理。计量器具则由计量部门统管。

另外，按工具的性能分类，有电动工具、手动工具两类；按使用方向分，有木工工具、瓦工工具、油工工具等；按工具的产权划分有自有工具、借入工具、租赁工具。总之工具分类的目的是满足管理的需要，便于分析工具管理动态，提高工具管理水平。

3. 工具管理的内容

（1）储存管理

工具验收后入库，按品种、规格、新旧和残损程度分开存放。同样工具不得分存两处，成套工具不得拆开存放，不同工具不得叠压存放。制定工具的维护保养技术规程，如防锈、防刃口碰伤、防易燃物品自燃、防雨淋和日晒等。对损坏的工具及时修复，使之处于随时可投入使用的状态。

（2）发放管理

按工具费定额发出的工具，要根据品种、规格、数量、金额和发出日期登记入账，掌握使用者执行工具费定额的情况；出租或临时借出的工具，要做好详细记录并办理有关租赁和借用手续，以便按期、按质、按量归还。坚持"交旧领新"、"交旧换新"和"修旧利废"等管理制度，做好废旧工具的回收、修理工作。

（3）使用管理

根据不同工具的性能和特点配备适用的工具，制定相应的工具使用技术规程和规则，监督、指导班组按照工具的用途和性能进行合理使用。

4. 工具的管理方法

（1）工具的租赁管理方法

在一定的期限内，工具的所有者在不改变所有权的条件下，有偿地向使用者提供工具的使用权，双方各自承担一定的义务、履行一定契约的一种经济关系。工具租赁的管理方法适合于除消耗性工具和实行工具费补贴的个人随手工具以外的工具品种。

企业对生产工具实行租赁的管理方法，需进行以下几步工作：

1）确定租赁工具的品种范围，制定有关规章制度并设专人负责办理租赁业务。使用方亦应指定专人办理租赁、退租及赔偿事宜。

2）测算租赁价格。

按租赁单价或按照工具的日摊销费确定日租金额。计算公式如下：

$$某种工具的日租金 = \frac{该种工具的原值 + 采购维修管理费}{使用天数}$$

式中：采购、维修、管理费——按工具原值的一定比例计算，一般为原值的 $1\% \sim 2\%$。

使用天数可按本企业的历史水平计算。

3）工具出租者和使用者签订租赁协议（或合同），协议的内容及格式，见表 7-4 所示。

工 具 租 赁 合 同　　　　　　　　　　表 7-4

编号：_____

根据　　　　　　　工程施工需要，租方向供方租用如下工具：

材料 名称	规格 型号	计量 单位	计划 单价	定包数量 总金额	定额损耗 总金额	实际损耗 总金额	奖罚 金额

租用时间：自　年　月　日起到　年　月　日止，租金标准、结算办法及有关责任事项均按工具租赁管理办法办理。

本合同一式　　份（双方管理部门　　份；财务部门　　份）双方签字盖章生效，退租结算后失效。

租用单位：　　　　负责人：　　　　供方单位：　　　　负责人：

年　　月　　日

4）根据租赁协议，租赁部门应将实际出租工具的有关事项登入《租金结算台账》，见表 7-5 所示。

工具租金结算明细表   表 7-5

工程名称_____   施工队_____

工程名称	规格	计量单位	租用数量	计费时间		计费天数	租金计算（元）	
				起	止		每日	合计
总计				万　千　百　拾　元　角　分				

租用单位：   负责人：   供方单位：   负责人：

5）租赁期满后，租赁部门根据《租金结算台账》填写《租金及赔偿结算单》，见表 7-6 所示。如发生工具的损坏、丢失，将丢失损坏金额一并填入该单"赔偿栏"内。结算单中金额合计应等于租赁费和赔偿费之和。

租金及赔偿结算单   表 7-6

合同编号_____   编号_____

工具名称	规格	单位	租金			赔偿费						合计金额
			租用天数	日租金	租赁费	原值	损坏量	赔偿比例	丢失量	赔偿比例	金额	

6）使用方用于支付租金的费用来源是工具费预算收入和固定资产工具及大型低值工具的平均占用费。公式如下：

使用方租赁费收入＝工具费预算收入＋固定资产工具和大型低值工具平均占用费。

式中，某种固定资产工具和大型低值工具平均占用费＝该种工具摊销额×月利用率％

使用方所付租金，从其租赁费收入中核减。财务部门查收后，作为工具费支出计入工程成本。

（2）工具的定包管理办法

工具定包管理是"生产工具定额管理，包干使用"的简称。是指施工企业按照工程施工所需工具数量配给使用方，由使用者包干使用，实行节奖超罚的管理方法。

工具定包管理，一般对瓦工、抹灰工、木工、油工、电焊工、架子工、水暖工、电工等专业工种实行效果较好。实行定包管理的工具品种范围，可包括除固定资产工具及实行个人工具费补贴的随手工具以外的工具。

班组工具定包管理是按各工种的工具消耗定额，对班组集体实行定包。实行班组工具定包管理，需进行以下几步工作：

1）实行定包的工具，其所有权属于企业。企业材料部门指定专人管理，专门负责工具定包的管理工作。

2）测定各工种的工具费定额。定额的测定，可分三步进行：

第一步：在向有关人员调查的基础上，查阅不少于 2 年的工具费用消耗资料，确定各工种所需工具的品种、规格、数量，并以此作为各工种的定包标准。

第二步：分别确定各工种工具的使用年限和月摊销费，月摊销费的公式如下：

$$某种工具的月摊销费 = \frac{某种工具的单价}{该种工具的使用期限（月）}$$

式中：工具的单价——可采用内部不变价格，以避免因市场价格的经常波动而影响工具费定额。

工具的使用期限，可根据本企业具体情况凭经验确定。

第三步：分别测定各工种的日工具费定额，公式如下：

$$某工种人均日工具费定额 = \frac{该工种全部标准定包工具月摊销费总额}{该工种额定人数 \times 月工作日}$$

式中：额定人数——由企业劳动部门核定的某工种的标准人数；

月工作日——一般按每月 30d 计算。

3）确定月度定包工具费收入，公式如下：

某工种月度定包工具费收入＝月度实际作业工日×该工种人均日工具费定额

式中：工具费收入——按期或按部位，以现金或转账的形式向使用方发放，用于向企业使用定包工具的开支。

4）工程项目材料部门，根据工种标准定包工具的品种、规格、数量，向有关使用方发放工具。使用方可按标准定包数量足量领取，也可根据实际需要少领。自领用日起，按实领工具数量计算摊销，使用期满以旧换新后继续摊销。但使用期满能延长使用时间的工具，应停止摊销收费。凡因使用方责任造成的工具丢失和因非正常使用造成的损坏，由使用方承担损失。

5）实行工具定包的使用方需设立兼职工具员，负责保管工具，督促内部成员爱护工具和记载保管手册。

零星工具可按定额规定使用期限，交给个人保管，丢失赔偿。

因生产需要调动工作，小型工具自行搬运，不报销任何费用或增加工时。确属无法携带需要运输车辆时，由行政出车运送。

企业应参照有关工具修理价格，结合本单位各工种实际情况，制定工具修理取费标准及班组定包工具修理费收入，这笔收入可记入月度定包工具费收入，统一发放。

6）班组定包工具费的支出与结算。此项工作分三步进行：

第一步：根据《工具定包及结算台账》（表7-7），按月计算定包工具费支出，公式如下：

班组工具定包及结算台账   表 7-7

班组名称_____ 工种_____

日期		工具名称	规格	单位	领用数量	工具费定额	工具使用费				盈（＋）亏（一）金额	备注
月	日						定包发出	租赁费	其他	合计		

$$某工种月度定包工具费支出 = \sum_{i=1}^{n}（第 i 种工具数 \times 该各工具的日摊销费）$$
$$\times 月度实际作业天数$$

式中：某种工具的日摊销费$=\dfrac{\text{该种工具的月摊销费}}{30d}$

第二步：按期或按部位结算班组定包工具费收支额，公式如下：

某工种月度定包工具费收支额 ＝该工种月度定包工具费收入－月度定包工具费支出
$$－月度租赁费用－月度其他支出$$

式中：租赁费——若班组已用现金支付，则此项不计；

其他支出包括应扣减的修理费和丢失损失费。

第三步，根据工具费结算结果，填制《定包工具结算单》（表7-8）。

工具定包结算单　　　　　　　　　　　　　　　　　表 7-8

班组名称＿＿＿＿＿＿工种＿＿＿＿＿＿＿

月	工具费收入	工具费支出					盈（＋）亏（一）	奖罚金额
		小计	定包支出	租赁费	赔偿费	其他		

7）工具费结算若有盈余，为班组工具节约，盈余额可全部或按比例作为工具节约奖励，归班组所有；若有亏损，则由使用者负担。企业可将各工种班组实际的定包工具费收入，作为企业的工具费开支，记入工程成本。

企业每年年终应对工具定包管理效果进行总结分析，找出影响因素，提出有针对性的处理意见。

此外，对于其他工具的定包管理方法，可采取以下方法：

1）按分部工程的工具使用费，实行定额管理、包干使用的管理方法。它是实行栋号工程全面承包或按分部、分项工程承包的工具费管理方法。

承包者的工具费收入按工具费定额和实际完成的分部工程工程量计算；工具费支出按实际消耗的工具摊销额计算。其中各个分部工程工具使用费，可根据班组工具定包管理方法中的人均日工具费定额折算。

2）按完成百元工作量应耗工具费实行定额管理、包干使用的管理方法。这种方法是先由企业分工种制定百元工作量的工具费定额，再由工人按定额包干，并实行节奖超罚。

工具领发时采取计价"购买"或用"代金成本票"支付的方式，以实际完成产值与百元工具定额计算节约和超支。工具费百元定额要根据企业的具体条件而定。

（3）合用工具和专用工具的管理方法

合用工具是指在一个工程项目现场内，劳动者之间或劳动队伍之间共同使用而又不能固定到班组的工具，例如运输、供水、称重、灰盘等工具。合用工具适合现场统一配置，供应给各分包单位使用。专用工具是指专业班组或劳动者个人常用并便于携带的工具，例如木工、瓦工、抹灰工、电工、油工、管工等使用的工具，也称个人随手工具。这种工具品种多、数量大、价值量相对较低，容易丢失。适宜采取由企业配给个人保管，或采用发放工具款由个人购置和管理的办法。

1）合用工具的统一供应管理

合用工具适宜采取统一供应管理方法，主要内容包括租用、供应、回收和核算，特别应做好以下工作：

一是确定合用工具品种、数量和使用期限，向出租部门提出计划、签订租赁合同、组织进场。二是检验租进的合用工具的质量，核对数量，保证工具的使用性能符合需求。三是制定现场合用工具使用要求，监督班组合理使用，对丢失、损坏的根据要求和规定处理。四是对在用的合用工具要定期进行检查维护，确保工具完好。五是对不再使用的合用工具要及时回收，办理退租手续，结算并支付租金。六是建立合用工具租赁台账，定期进行核算分析。台账应包括租用工具的品种、规格、数量、起止日期及租金支付情况。

2）专用工具的费用定包管理

实行工具费用定额承包的管理方法，有助于调动队组对工具管理的积极性，增强使用责任心，减少工具丢失和损坏。延长工具使用寿命，节约工具费用支出。对队组需求的专用工具，由工程项目根据不同工种工具费定额，按照队组作业定额工日，计算出班组工具费并发放给班组。由队组到指定的供应部门自行租用、购买、保管和使用，盈亏由班组自负。

对个人专用工具，由工程项目根据不同工种的工具费定额，按照个人定额工日，计算出个人工具费并发给个人，由操作者自行采购、使用和保管，盈亏自负。

实行工具费定包管理，必须做好以下工作：

一是由企业统一制定实行工具费用定额标准和办法，测定分工种的队组和个人作业工日工具使用费用水平，明确工具费用发放、使用、结算和奖惩做法及责任要求。二是根据队组和个人定额工日，由工程项目按照相应的工具费用定额计算出工具费承包总额，发给卡或代用券的方法，控制工具费支出，预控、预拨。三是队组在预控预拨总额内控制使用，持卡或代用券到指定的部门租用或购买，通过注销限额卡或回收代用券的方法，控制工具使用支出。四是队组及个人购买或租用的工具，由班组或个人自行保管和使用，盈亏自负。五是工程项目应加强对队组和个人工具使用过程的监督，对违反工具管理规定的做法应追究责任并予以处理。六是工程项目要建立工具费用发放、使用台账，及时反映队组及个人定额工作量及工具费预拨情况，定期进行工具费用分析，降低工具费成本。

（4）对外包队使用工具的管理办法

1）凡外包劳务队使用本企业工具者，均不得无偿使用，一律执行购买和租赁的办法。外包队领用工具时，须由企业劳资部门提供有关详细资料，包括：外包队所在地区出具的证明、人数、负责人、工种、合同期限、工程结算方式及其他情况，并应说明用工增减情况。

2）对外包队一律按进场时申报的工种领发工具费。凡施工期内变换工种的，必须按新工种连续操作 25 天，方能申请按新工种发放工具费。

外包劳务队工具费发放的数量，可参照工具定包管理中某工种月度定包工具费收入的方法确定。两者的区别是，外包队的人均日工具费定额，需按照工具的市场价格确定。

外包劳务队的工具费随企业应付工程款一起发放。

3）外包劳务队使用企业工具的支出，采取预扣工程款的方法，并将此项内容列入工程承包合同。预扣工程款的数量根据所使用工具的品种、数量、单价和使用时间进行预计，公式如下：

$$预扣工程款总额 = \sum_{i=1}^{n}（第\,i\,种工具日摊销费 \times 该种工具使用数量）\times 预计租用天数$$

其中某种工具的日摊销费 $= \dfrac{该种工具的市场采购价}{使用期限（日）}$

4）外包劳务队向施工企业租用工具的具体程序是：

① 外包队进场后，由所在施工队工长填写"工具租用单"，经材料员审核后，分发外包劳务队、劳资部门和财务部门。

② 财务部门根据"工具租用单"签发"预扣工程款凭证"，一般一式三份交外包队、财务部门、劳资部门各一份。

③ 劳资部门根据"预扣工程款凭证"按月分期扣款。

④ 工程结束后，外包队需按时归还所租用的工具，并将材料员签发的实际工具消耗凭证交劳资部门结算。

⑤ 外包劳务队领用的小型易耗工具，领用时 1 次计价收费。

⑥ 外包劳务队在使用工具期内，所发生的工具修理费，按现行标准付修理费，从预扣工程款中扣除。

⑦ 外包劳务队丢失和损坏所使用的工具，一律按工具的现行市场价格赔偿，并从工程款中扣除。

⑧ 外包劳务队退场时，领退工具手续不清的，劳资部门不准结算工资，财务部门不得付款。

（5）个人随手工具的津贴费管理方法

1）个人工具津贴费制的适用范围

这种方法主要适用于工具形体较小、便于携带并主要由个人使用的工具。目前，多数施工企业对瓦工、木工、抹灰工等专业工种所使用的个人随手工具实行个人工具津贴费制的管理方法，这种方法可使操作工人有权自主选择顺手工具，有利于加强维护保养，延长工具使用寿命。

2）确定工具津贴标准的方法

根据一定时期的施工方法和工艺要求，确定随手工具的范围和数量，然后测算分析这部分工具的历史消耗水平。在这个基础上，制定分工种的作业工日个人工具津贴费标准，根据每月实际作业工日，发给个人工具津贴费。

3）凡实行个人工具费津贴的工具，单位不再配发工具。施工中需用的工具，由个人负责购买、维修和保管。丢失、损坏由个人负责。

八、材料核算管理

（一）工程项目成本管理

在完成任何一个工程项目建设的过程中，必然要发生各种物化劳动和活劳动的耗费，这些耗费的货币表现称为生产费用。生产费用日常是分散的、个别反映的，而把这些日常分散、个别反映的费用，运用一定的方法，归集到工程项目中，就构成了工程项目成本。

1. 工程项目成本管理的主要内容

工程项目成本管理，即在完成一个工程项目过程中，对所发生的成本费用支出，有组织、有系统地进行预测、计划、控制、核算、考核和分析等一系列管理工作的总称。其中，项目成本预测和计划为事前管理，即在成本发生之前，根据工程项目的结构类型、规模、工序、工期及质量标准、物资准备等情况，运用一定的方法，进行成本指标的测算，并据以编制工程项目成本计划，作为降低工程项目成本的行动纲领和日常控制成本开支的依据。项目成本控制和核算为事中管理，即对工程项目施工生产过程中所发生的各种开支，根据成本计划实行严格的控制和监督，并正确计算与归集工程项目实际成本。项目成本考核和分析为事后管理，即通过对实际成本与计划成本的比较，检查项目成本计划的完成情况并进行分析，找出成本升降的主客观因素，总结经验，发现问题，从而制定进一步降低项目成本的具体措施，并为编制或调整下期项目成本计划提供依据。工程项目成本管理是以正确反映工程项目施工生产的经济成果，不断降低工程项目成本为宗旨的一项综合性管理工作。

工程项目成本管理的目的是，在预定的时间、预定的质量前提下，通过不断改善项目管理工作，充分采用经济、技术、组织措施和挖掘降低成本的潜力，以尽可能少的耗费，实现预定的目标成本。

工程项目成本管理的意义在于，它可以促进改善经营管理，提高企业管理水平；合理补偿施工耗费，保证企业再生产的顺利进行；促进企业加强经济核算，不断挖掘潜力，降低成本，提高经济效益。此外，它对实现项目管理还具有以下特定意义：一是促进项目管理成本控制职能的实现，通过成本计划、决策、反馈、调整，可以对项目成本实行有效的控制；二是促进项目经理对成本指标的管控，避免成本指标缺乏个人负责的状况；三是促进强化成本管理的基础工作。项目管理是企业的"细胞"管理，大量的工作发生在生产第一线，加强项目成本管理，必然会不断强化企业成本管理的基础工作。

2. 实施工程项目成本管理应具备的条件

加强和实施项目成本管理的目的在于实现项目成本目标，推进的过程也有利于改进和完善各项基础管理。搞好项目成本管理应具备下列条件：

（1）项目经理、项目管理团队和作业层的全体人员必须具有经济观念、效益观念和成

本观念

要明确工程施工工期不能超过合同工期，施工质量必须符合合同要求，施工成本不能超过中标价格。施工中一切工作，包括施工前的准备，施工方案的选择、施工部署、施工方法、工艺技术以及设备、材料、劳动力等方面的确定、使用和要求，以及成品保护和竣工验收等，都应以施工成本不能超过中标价格为出发点。使人人具有经济观念、效益观念，增强成本意识，控制成本增长和促进成本降低的观念。

（2）确定项目目标成本和建立完成目标的保证体系

项目目标成本既是成本决策的对象，又是成本管理的目标。项目目标成本从时间上分，包括事前目标，即预测成本、计划成本；事中目标，即班组成本目标；事后目标，即分部分项、单位工程成本。目标成本确定之后，工程项目要建立管理层和作业层全体员工在内的完成目标保证体系。

（3）确定责任主体

一个工程项目成本达到预定的目标，必须确定责任主体，即由谁承担经济责任；还要确定责任对象，即项目成本的控制客体；还要对责任绩效进行考核。如果不能确定责任主体、责任对象和进行绩效考核，就不能充分体现项目内部实行了经济责任、经济权力和经济利益三者的有机结合。

（4）建立和健全有关成本管理制度的基础工作

包括定额、计量、原始记录、内部价格和验收工作。

（5）必须进行成本的经营管理

成本经营是成本决策的制定，成本管理是成本决策的执行。整个成本经营管理是由成本目标的成本行为组成。成本行为包括成本的预测、计划、控制、核算、考核、分析、检查和审计。成本经营管理的每个环节都应为成本决策服务。在项目成本管理中必须建立起一个成本经营管理的循环体系，即成本意识—成本目标—成本行为—成本信息—成本意识。

3. 工程项目成本目标确定的方法

工程项目成本目标是带有战略性的管理目标，它是项目经营中要实现的经济效益的集中体现，是项目经济核算要反映的经营成果的定量表示。根据施工企业核算的特点，工程项目成本目标可分为两种，即广义成本目标和狭义成本目标。

广义成本目标，是指以工程制造成本的降低额为基础，但又不局限于制造成本的范围，而扩展包容了企业管理费用、财务费用、利润、税金、价外费用等收入、支出基数，来综合确定工程总效益目标。这样的目标已超越狭义的"成本"范畴，但却又是工程承包、企业经营中必不可少的目标。

狭义成本目标，即制造成本要实现的成本降低额、降低率。它以工程概算分解出的预算成本（收入数）为基础，按照计划成本（支出数）要相对节省的原则，适当地确定降低成本的目标值。

项目成本目标的确定，一方面要与项目实施的经营承包方案、项目所在企业的核算作法保持一致；另一方面要采用科学、合理、稳妥的方法测算，使目标不脱离实际。项目成本目标通常采用下列方法测定。

（1）分解估算法

以施工图设计为基础，以本企业做出的项目技术方案为依据，以实际价格计划的材料、人工、机械等消耗量为基准，估算工程项目的实际成本费用，据以确定成本目标。

分解估算法在国外被简称为 WBS（Work Breakdown Stricture），具体步骤是：首先把整个工程项目逐级分解为内容单一、便于进行单位工料成本估算的小项或工序，然后按小项目自下而上估算、汇总，从而得到整个工程项目的估算数据。估算汇总后，还要考虑内部系数和物价指数，对估算结果加以修正。计算公式为：

单项工料机实际成本 ＝ 工程量×单项工程消耗量×实际单价

项目实际成本总计 ＝（各单项工料机成本之和＋临时设施费＋现场经费）×（1±风险系数）

风险系数，系估算时依据项目施工难度、各种内附因素及降低成本措施而选定的对成本升降的修正率。

项目实际总支出额（估算）＝项目实际制造成本总计＋企业管理费及财务费用＋税金
＋价外费用支出

上列估算涉及其他直接费、临时设施费、现场经费、企业管理费、财务费用、税金、利润、价外费用等。费率或支出数，可参考投标条件、概算定额、企业核算历史资料、同行业核算资料而定。

项目制造成本降低目标 ＝项目预算成本（收入）－估算实际制造成本

项目总盈利目标 ＝项目概算总收入 － 估算实际总支出

（2）定率估算法

当项目过于庞大或复杂，采用上述分解法相当困难时，可采用定率估算法。即先将工程项目分为少数几个子项，然后参考同类项目的历史数据，采用数学平均数法计算子项目标成本降低率，然后算出子项成本降低额，汇总得出整个项目成本降低额、率。

子项目标成本降低率确定时，可采用加权平均法或三点估算法。

1）加权平均法

如承接某工程的内装修子项工程，历史参照资料见表 8-1 所示。

内装修子项工程制造成本资料表　　　　　　　　　　　　　表 8-1

年度	建筑面积（m²）	成本降低率（%）	权数	降低率分类
2009	50427	4.26	0.4	A
2010	40115	7.15	0.4	B
2011	10278	5.37	0.5	B
2012	33016	6.61	0.6	B
2013	90350	4.05	0.6	A
2014	21500	5.56	0.7	B

将数据整理后，先按建筑面积加权平均，计算该子项的目标降低率。

$$目标降低率 = \frac{\Sigma(成本降低率×建筑面积)}{\Sigma(建筑面积)} = 5.1306$$

为了体现对近期参考值的重视程度更大一些，还可以计入年份权数。如上便可依据近大远小原则，将 2009～2014 年资料的权数定为 0.4、0.5、0.6、0.7，然后加权平均。

$$目标降低率 = \frac{\Sigma(成本降低率×建筑面积×权数)}{\Sigma(建筑面积×权数)} = 5.0789$$

2）三点估算法

三点估算法是在上述方法的基础上，进一步考虑了估算的可靠性，突出平均值的作用、做法是：

① 计算出总体降低率的平均值，由（1）法算出为 5.1306

② 计算出低于平均值的两个工程成本降低率的平均值，即：

$$平均值1 = \frac{4.26 \times 50427 + 4.05 \times 90350}{50427 + 90350} = 4.1252$$

③ 计算出高于平均值的四个工程的成本降低率的平均值

$$平均值1 = \frac{7.15 \times 40115 + 5.37 \times 10278 + 6.61 \times 33016 + 5.56 \times 21500}{40115 + 10278 + 33016 + 21500} = 6.4798$$

④ 应用公司计算

$$子项目标降低率 = \frac{平均值1 + 平均值2 + 4 \times 总体降低率平均值}{6} = 5.1879$$

可以看出，三点估算法把总体平均值的权数扩大了 4 倍，使定率的把握性更大。为排除异常现象，当参照工程较多时，测算时还可用去掉最高、最低率的方法。

采用定率估算法的前提，是必须率先握有较充分的同类项目的成本数据。如果参照物过少，可能要出现偏差。

（3）定额估算法

在概预算编制力量较强，定额比较完备的情况下，特别是概算与施工预算编制经验较丰富的施工企业，工程项目成本目标应该由定额估算法产生。具体方法是：

1）根据已有投标、预算资料，确定中标合同价与概算的总价格差，确定概算与施工预算的总价格差。

2）对施工预算未能包容的项目，包括施工有关项目和现场经费，参照定额加以估算。

3）对实际成本可能明显超出或低于定额的主要子项，按实际支出水平估算出其实际与定额水平之差。

4）考虑不可预见因素、工期制约因素以及风险因素、价格因素，加以测算调整。

5）综合计算整个项目的目标降低额、目标降低率。

$$目标降低率 = (1 - 2 \pm 3) \times (1 + 4)$$

此外，在成本目标值的确定中，还有一些较常用的方法，如变动成本法、经验估算法、滑动平均法、趋势外推法等。但是，无论采用哪种方法，都应保证目标值的定量性和平均先进性。降低成本水平的确定要适当，有关计算的数据要力求准确，依据的资料要确定可靠，防止主观臆断。

4. 工程项目成本的预测和控制

工程项目成本预测，是指当确定成本目标之后，结合项目进展所进行的一系列预测，通过它来判断能否达到目标，是否需要修改计划。它是选择达到目标最佳途径的重要手段。成本目标确定过程中的预测与估算，也都属于成本预测的范畴。

项目成本预测可分为综合预测与按成本项目预测两类作法。综合预测是针对一定期间或若干分部分项成本进行预测，主要用于决策。分项成本项目预测，是在按成本项目归集生产费用的基础上，对每一成本项目如材料、人工、机械的收支情况加以预测，主要用于对生产费用的控制。

（1）综合预测

通常可采用"量本利分析"的方法。具体做法有两种，一种是对项目承担单位如项目经理部一定期间的成本进行量、本、利分析；另一种是对单位工程的总成本或一定期间的成本进行量、本、利分析。

【示例 8-1】某工程基础阶段计划施工 180 天，投入三个作业队，计划产值 957 万元，其中预算成本 880 万元，目标降低成本额 61.7 万元，降低率 7%。开工前，项目经理需预测该目标能否实现。

预测准备工作，要收集三个作业队及项目管理所需支出的费用资料，还要收集同类工程或该企业不同报告期的成本资料，加以整理，作为预测参照期数据资料。预测步骤是：

1）将参照期成本数据按变动费用、固定费用作成本性态划分。固定费用系指与产值的增减无直接关联，开支水平相对固定的成本费用，如现场经费中的管理人员工资、办公用固定资产折旧等。变动费用则相反，与产值变动线性相关，如材料费、机械使用费等。对介于两者之间的半变动费用，也要划分出来。

2）对半变动费用如工具使用费、运费、模板费等，采用数字分解为变动费用与固定费用，分别并入两类中去。分解时可采用高低点法、线性回归法。

3）将参照期的变动成本率、固定成本、边际贡献率求出，其中：

$$变动成本率\ k = \frac{总变动成本}{预算成本收入}$$

$$边际贡献率 = 1 - k$$

由此可将参照期总成本表示为一次函数式：

$$总成本\ y = kx - b$$

式中　b——固定成本；

　　x——产值相对应的预算成本；

　kx——总变动成本。

4）将该工程的固定成本 b 与目标降低成本额 M 分别求出，要根据该工程计划支付的固定费用，参照上例计算中固定费用比例，求出尽可能准确的本工程在预测期内的固定费用值。

配合计算后 $b = 139.2$ 万元

　　　　$M = 61.7$ 万元

5）使用量本利公式预测本工程在预测期 180 天保本点的预算成本 p_0 和达到目标降低成本的预算成本 p_1，采用公式为：

$$p_0 = \frac{b}{1-k}$$

即：保本点预算成本 $= \dfrac{固定费用}{1 - 变动成本率}$

$$p_1 = \frac{b+M}{1-k}$$

即：达到目标降低成本的预算成本 $= \dfrac{固定费用 + 目标降低额}{1 - 变动成本率}$

本例经代入参照期数据测算，得出结果为：

$$k = 0.7869 \quad 1 - k = 0.2131$$

$$p_0 = \frac{b}{1-k} = \frac{139.2\,万元}{0.2131} = 653.2\,万元$$

$$p_1 = \frac{b+M}{1-k} = \frac{139.2 + 61.7}{0.2131} = 942.7\,万元$$

将预测的收入与计划收入对比，提出分析意见。特别要注意分析工期对降低成本的影响，做出判断，提出决策意见。

从本例分析可看出，在 180 天内要达到 7% 的降低成本目标，必须实现收入 942.7 万元，但该基础成本仅 880 万元，低于预测值，因此，可判定原计划 180 天完成任务是不适宜的，必须缩短工期。根据测算所参考的数据，在变动成本率稳定，总工期内固定费用均衡支出的情况下，可推算出应提前工期 17 天，才能达到原定目标。

若工期不变，降低成本额比原计划的减少数也可利用上列公式推算出来。本例若工期 180 天，能实现的降低额为 48.8 万元，降低率 5.5%，比计划降低额少 12.9 万元，降低率少了 1.5 个百分点。为了保成本目标，项目负责人应考虑首先压缩固定费用开支，其次设法降低变动成本率，从而使保本点向下位移。

总之，根据量、本、利分析的预测，可为单位工程选用怎样的工期方案，选用怎样的盈利幅度方案，选用怎样的承包管理方案提供依据，并可进行多方案的对比择优。

在量、本、利预测中应注意的问题是，变动成本与固定成本的定性要尽可能准确，参照期相关参考工程的资料要可靠，注意参照期与预测期在时间口径上的一致，注意预测期内固定成本与变动成本在核算内容上的重大变化，及时修正有关参数，以保证预测与实际尽可能接近。

（2）分成本项目预测

分成本项目预测，主要适用于项目的施工阶段，它可以与项目成本计划的制定结合起来。一方面，以预测作为制定计划的依据；另一方面，又可以在计划实施中，结合执行情况的检查，进一步预测后期成本变动趋势，以保证工程项目成本总目标的实现。

分成本项目预测需依据定额资料与预算成本划分情况，进行分项收支预计、比较，然后汇总。因此，预测前必须有详尽的技术、材料、用工、机械计划，提出实际需要的数量与单价，预测采用与传统成本计算相同的方法，按成本项目分别计算收和支。

【示例 8-2】 某工程基础分部的人工费预测为：

1）基础工程项目人工费收入预测

全部预算工日 37800 工日，定额人工单价 65 元，预计人工费总收入 2457000 元。

2）人工费支出预测

项目作业队计划安排土建工人 120 人，专业机械施工工人 50 人，按具体作业项目分析，土建工人作业需 19440 工日，计划支付计件工资 1360800 元，计划节约 4832 工日。机械作业工人需作业 12542 工日，计划支付工资 752520 元，计划节约 986 工日。

合计预计支付人工费 2113320 元，完成定额工日 31982 工日。

3）人工费收入与支出对比

$$收入 - 支出 = 预测人工费降低额$$
$$= 2457000 - 2113320 = 343680\,元$$

定额工日预测节约量为 5818 工日。

如果考虑工资水平与工效的变动，预测的数据还要进行适当修正。这种从实际出发，收支对比式的预测方法简便易行，同样适用于对项目的材料费、机械费、其他直接费以及临时设施费、现场经费等成本项目的预测。

在成本分项预测中，应注意明确预测的范围。较大的工程项目，可以采取分阶段、分部位预测；多分包单位共同施工还应采取分单位切块预测，然后再汇总。对工期较长的项目，应注意时间推移成本诸因素的影响，如价格问题、利息问题等。

(3) 成本控制方法

工程项目成本是发生在一个工程项目中的生产费用总和。它要按一定的程序和规定的计算方法归集。工程项目成本可分为预测成本、计划成本和实际成本，由于影响项目成本的因素很多，项目成本的控制和监督应从组织、技术、经济、合同等多方面采取措施。

1) 采取组织措施控制项目成本

明确工程项目成本控制的责任人，这是施工企业控制成本的主要做法。项目成本控制责任人与一般企业财务部门的成本员是有区别的。项目成本控制责任人是施工企业项目经理班子中的成员，他从投标估价开始，直至工程合同终止的全部过程中对成本的各项工作负总责，他的工作与投标估价、工程合同、施工方案、施工计划、材料和设备供应、财务等多方面工作有关。一般是由既懂经济又懂技术的管理人员担任项目成本控制责任人，同时明确工程项目的管理组织对项目成本的职能分工，以保证对项目成本的控制。

2) 采取技术措施控制项目成本

在施工准备阶段提出多种施工方案，进行技术经济比较，然后确定利用缩短工期、提高质量、降低成本综合效果最优的方案。在施工过程中，研究、确定、贯彻、执行各种降低消耗、提高工效的新工艺、新技术、新材料等降低成本的技术措施。在竣工验收阶段，注意经济、技术的处理，保护成品，缩短验收时间，提高交付使用效率。

3) 采取经济措施控制项目成本

各种经济措施中最重要的是抓住以施工预算为基础的计划成本，使之贯彻执行，不断地将项目预算成本、实际成本进行比较分析，并控制在预算成本之内。在控制项目成本上，一是要编制费用计划，建设单位应编制投资分配计划，施工单位应编制施工成本计划；二是要严格审核费用支出；三是要经常对费用计划与实际支出作比较分析；四是经常研究减少费用支出的途径。

5. 工程项目成本的核算与考核

(1) 工程项目成本的核算

工程项目成本的核算，不同于一般企业工程施工的核算。企业工程施工核算的原则是适应企业施工管理组织体制，实行统一领导、分级核算。如三级管理制的企业，施工队核算本队直接费，分公司核算工程成本，公司汇总核算企业生产成本。而工程项目成本的核算，是施工单位项目管理班子核算所在工程项目的成本。具体方法是：

1) 以工程项目为核算对象，核算工程项目的全部预算成本、计划成本和实际成本，包括主体工程、辅助工程、配套工程以及管线工程等。

2) 划清各项费用开支界限，严格遵守成本开支范围。各项费用开支界限要按照国家和主管部门规定的成本项目对项目工程发生的生产费用进行归集，严格遵守成本开支范围。要对工程项目成本进行控制，控制不合理的费用支出，使其实际成本控制在工程项目收入之内。

3）建立目标成本考核体系。项目成本目标确定之后，将其目标分解落实到项目班子中的各有关负责人，包括成本控制人员、进度控制人员、合同管理人员以及技术、质量管理人员等，直至生产班组和个人。在施工过程中，要建立目标成本完成考核信息，并及时反馈到项目班子中各有关人员，及时做出决策，提出措施，更好地控制成本。

4）加强基础工作，保证成本计算资料的质量。这些基础工作除了贯彻各项施工定额外，还应包括材料的计量、验收、领退、保管制度和各项消耗的原始记录等。

5）坚持遵循成本核算的主要程序，正确计算成本和盈亏。其主要程序是：首先，按照费用的用途和发生的地点，把本期发生和支付的各项生产费用，汇集到有关生产费用科目中；其次，在月末将归集在"辅助生产"科目的辅助生产费用，按照各受益对象的受益数量，分配并转入"工程施工"科目中；第三，在月末，将由本月成本负担的待摊费用转入工程成本；第四，每月末，各个工程项目凡使用自有施工机械的，应由本月成本负担的施工机械使用费用转入成本；第五，每月末，将归集在"间接费用"中的间接费用，按一定的方法分配并转入工程项目成本；第六，工程竣工（月、季末）后，结算竣工工程的实际成本转入"工程结算"科目借方，以备与"工程结算"科目的贷方差额结算工程成本降低额或亏损额。

（2）工程项目成本的考核

工程项目成本的考核，是检验项目经理工作成效及工程项目经济效益的一种办法。随着管理的加强，项目成本的考核将成为工程项目考核中的一个主要部分，并逐步制度化、规范化。

1）工程项目成本考核的内容

考核降低成本目标完成情况。检查成本报表的降低额、降低率是否达到预定目标，完成或超额的幅度如何。当项目成本在计划中明确了辅助考核指标，如钢材节约率、能源节约率、人工费节约率等，还应检查这些辅助考核指标的完成情况。

考核核算口径的合规性。重点检查成本收入的计算是否正确，项目总收入或总投资（中标价）与统计报告的产值在口径上是否对应。实际成本的核算是否划清了成本内与成本外的界限、本项目内与本项目外的界限、不同参与单位之间的界限、不同报告期之间的界限。与成本核算紧密相关的材料采购与消耗往来结算，建设单位垫付款，待摊费与预提费等事项处理是否符合财务会计制度规定。

与其他专业考核相结合。项目成本考核是个综合性很强的工作，成本考核要和其他专业考核相结合，从而考察项目的技术、经济总成效。主要结合质量考核、生产计划考核、技术方案与节约措施实施情况考核、安全考核、材料与能源节约考核、劳动工资考核、机械利用率考核等。明确上述业务核算方面的经济盈亏，为全面进行项目成本分析打基础。

项目成本、费用、利润的定期考核。竣工考核由工程项目上级主持进行，上级财务部门具体负责有关指标、账表的查验工作，大型工程项目可组织分级考核。参与工程项目的企业和各级财会部门应为考核做好准备，平时注意积累有关资料。

项目成本考核完成后，主持考核的部门应对考核结果给予书面意见，并按照国家关于实行经营承包责任制的规定和企业的项目管理办法，兑现奖罚条款。

2）工程项目成本考核应注意的问题

首先，应注意考核项目成本核算采用的方法和成本处理是否符合国家规定，考核降低成本是否真实可靠。其次，应注意考核工程项目建设中的经济效益，包括成本、费用、利润目标的实现情况以及降低额、降低率是否按计划实现。第三，应注意考核的依据要根据项目成本报表和有关成本处理的凭证和账簿记录。第四，应注意考核的对象可按项目进展程度而定，在项目进行中，可以考核某一阶段或某一时间的成本，也可以考核子项目成本；在项目完成后，则要考核整个工程项目的总成本、总费用。

（3）工程项目成本的分析

对工程项目成本进行分析，是项目管理的一个重要组成部分。它可以集中反映项目管理成果及存在问题，如材料消耗的节超、劳动效率的高低、机械利用情况的好差等。分析成本构成与降低成本计划完成情况，一方面可以从中总结经验教训，促进项目管理水平的提高；另一方面可以积累成本核算资料，为以后的项目投标、成本预测预控打下基础。

项目成本分析可分为两种情况，一是工程项目进行中的成本分析，二是项目完成后的总成本分析。进行中分析可按成本报告期或计划确定的分部分项工程来分次进行，它可及时反映成本变动趋势，及时暴露矛盾而采取措施。

工程项目成本分析可采用的方法有：

1）比较法

它是通过指标对比，反映成本升降的方法，具有直观性，简便易行，故采用最为广泛。比较分析时，可按以下顺序：

① 对比项目预算收入、实际支出、降低额、降低率与计划对应项目的增减变动额。

② 对比成本各构成项目的收、支与计划数额的增减变动额。

③ 对比分项和总成本降低率与同类企业先进水平的差额。

④ 对比项目包含的不同单位工程或不同参与单位的降低成本占总降低额的比例。

在比较时，应注意以下几点：一是要坚持可比口径的一致，当客观因素影响到可比性，应剔除、换算或加以说明；二是要对分项成本中有关实物量，如材料用量、工日、机械台班等，结合计划或定额用量加以比较；三是要注意所依据资料的真实性，防止出现成本虚假升降。在工程进行中分析时，尤其要注意已完工程与未完施工成本的确定。

采用比较法，常可借助图表，这样更为直观。

2）因素替换法

采用这种方法可以计算并衡量有关影响因素对成本作用力的大小，从而找出成本变动的根源。它的具体做法是：当一项成本受几个因素影响时，先假定一个因素在变动，其他因素不变，计算出这个因素的影响额，然后再依次去替换第二、三……个因素，从而找出各因素的影响幅度。

【示例 8-3】某项目现浇混凝土计划为 $1200m^3$。实际浇筑工程量 $1250m^3$；计划价格 310 元$/m^3$，实际价格 285 元$/m^3$；计划损耗量 2%，实际供应量 $1293.75m^3$；实际成本 368718.75 元。试分析成本升降原因。

上例实际成本可以表示为：

现浇混凝土工程总成本 ＝（计划）实际工程量(a) × 每 m^3 混凝土用量(b) × 混凝土单价(c)

从式中可以看出，影响成本因素有 3 个，即 a——工程量；b——每 m^3 工程用混凝土

量；c——混凝土价格

第一步，用实际工程量代换计划工作量，假定 b、c 不变。

$$计划总成本 = 1200m^3 \times 1.02 \times 310 元 /m^3 = 379440 元 \tag{1}$$

替换 a：实际工程量 a，计划 b、c 成本

$$1250m^3 \times 1.02 \times 310 元 /m^3 = 395250 元 \tag{2}$$

用（2）减（1），得 15810 元。即分析出由于工程量加大，使成本支出增加 15810 元。

第二步，用实际每 m^3 用混凝土量代替计划每 m^3 用混凝土量。假定 c 不变。

先计算实际每 m^3 用混凝土量。用混凝土供应量 1293.75m^3 除以实际工程量 1250m^3，得 1.035，即损耗率为 3.5%，用它替换 2%。

替换 b：$\qquad$ $1250m^3 \times 1.035 \times 310 元 /m^3 = 401062.5 元 \tag{3}$

再用（3）减（2），得 5812.5 元。即分析出由于现场损耗加大，使每 m^3 工程的用混凝土量增加，因此，增加成本支出 5812.5 元。

第三步，用混凝土实际价格代替计划价格，即用 285 元/m^3 代表 310 元/m^3。

替换 c：$\qquad$ $1250m^3 \times 1.035 \times 285 元 /m^3 = 368718.75 元 \tag{4}$

用（4）减（3），得 32343.75 元，即分析出由于混凝土结算单价低于计划单价，使成本减少开支 32343.75 元。

从以上三步替换分析可以看出各因素对成本影响的方向及影响程度。由于工程量增加了 50m^3，使成本加大支出 15810 元；由于每 m^3 工程用混凝土量加大了 0.015m^3，使成本增加支出 5812.5 元；由于混凝土最低价低于计划单价 25 元/m^3，使成本节约 32342.75 元。各因素分析数构成下列平衡算式：

因素 a 影响额 + 因素 b 影响额 + 因素 c 影响额 + …… = 实际成本 - 计划成本

$$15810 + 5812.5 - 32343.75 = 368718.75 - 379440 = -10721.25 元$$

从上例分析结果可以看出，该项目在计划工程量的计算、施工中混凝土的合理充分使用上存在问题，而在选择混凝土供应单位、比质比价上做得较好，可以为项目经理总结经验，做出下步工程的管理决策提供帮助。

项目成本分析还可以采用质量成本法、差异比较法、动态比率法等新方法。项目成本分析完成后，应提出书面分析报告，其基本内容应包括：

① 项目情况分析；

② 项目主要经济技术指标完成情况；

③ 项目总成本、分项成本的说明；

④ 分项成本的分析，包括各项直接费及现场经费、子项目的分析；

⑤ 降低成本来源分析，亏损项目原因分析；

⑥ 成本管理的成绩、问题以及改进措施、意见及建议。

项目成本分析应由项目经理主持，参与核算管理的各大有关部门人员协调配合，分担有关分期的分析工作，做到成本分析与业务专题分析相结合。

（二）材料核算管理概述

材料费用一般占建筑工程成本的 70% 左右，材料的采购、供应、使用等业务经营活

动是否经济合理，对企业各项经济技术指标的完成，特别是经济效益的高低都有重大的影响。因此建筑企业进行施工生产和经营管理活动，必须抓好材料核算这个重要环节。

1. 材料核算的分类

建筑企业材料核算由于核算的性质不同、材料所处领域各异、材料使用方向的区别而有以下几种类型：

（1）按照材料核算工作的性质划分，有会计核算、统计核算和业务核算。

1）会计核算

会计核算是以货币为尺度，计算和考核材料供应和使用过程中的经济效果。它的特点是连续性、系统性强，便于综合比较，通过记录、整理、汇总、结算等程序，反映材料资金的运动变化，考核材料资金的使用，各项费用的开支，各种成本及利润等效果。

2）统计核算

统计核算一般采用实物形态，借助于数量来反映、监督材料经营活动情况。例如：材料供应量、库存量、节约量、节约率等指标，反映材料实物运行状态和运行效果等材料运行状况。

3）业务核算

业务核算是局部的核算，既可以采取价值的形式，又可以采取实物形式，反映某一个部门、某一个环节的材料业务或某一个工程部门的材料运行状况。

（2）按材料所处领域划分，有供应过程的核算和使用过程的核算。

1）材料供应过程的核算

主要反映和考核供应过程的经济效果，如材料供应的资金占用、材料采购成本、各项管理费用支出水平等内容。

2）材料使用过程的核算

主要考核材料供应给工程项目后，在生产使用过程中资金的占用、工程材料消耗、暂设工程材料消耗等内容。

（3）按照考核指标的表现形式不同，有货币核算和实物核算。

1）货币核算

一般称为会计核算，是以货币形式考核材料供应和使用过程经济效果的方法。

2）实物核算

一般称为业务核算，是以所核算材料的实物计量单位为表现形式的核算方法，反映企业经营中的实物量节超效果。

在实际工作中，无论是供应过程核算还是使用过程核算，无论是以货币为单位的会计核算，还是以实物量计量的统计核算和业务核算，都互为条件、互相制约，从而形成一个有机的核算体系，才能实现材料核算的目的，才能以最小的劳动消耗取得最大的经济效果。

2. 材料核算的一般方法

材料核算是在材料流转过程中可能发生的预算成本基础上，通过对实际执行过程中的成本计划和成本控制，实现最终实际成本的降低。材料成本按其在成本管理中的表现形式不同有以下三种：

（1）预算成本

根据构成材料业务活动的各个因素，按统一规定预先计算的成本水平。是考核企业成本水平的重要标尺，也是进行业务结算、计算各项业务收入的重要依据。

（2）计划成本

企业为了加强成本管理，在具体实施过程中，为了有效地控制成本支出所确定的目标成本。计划成本是结合企业实际情况确定的控制成本额，是企业降低消耗的奋斗目标，是控制和检查成本计划执行情况的依据。

（3）实际成本

即业务实际完成后应计入成本的各项费用的总额。它是企业实际消耗的综合反映，是影响企业经济效益的重要因素。

成本的一般分析，首先是实际成本与预算成本比较，考核节约与超支情况。其次是将工程的实际成本与计划成本比较，检查企业执行成本计划的情况，考察实际成本是否控制在计划成本之内。无论是预算成本还是计划成本，都要从成本总额和成本项目两个方面进行考核。成本项目数值的变动，是成本总额变动的原因；成本总额的变动，是成本项目数值变动的结果。在考核成本变动时，要借助于成本降低额包括预算成本降低额和计划成本降低额，借助于成本降低率包括预算成本降低率和计划成本降低率，反映成本状况。前者用以反映成本节超的绝对额，后者反映成本节超的幅度。

在对成本水平和执行成本计划考核的基础上，应对企业所属施工组织的成本水平进行考核，以查明其成本变动对企业成本总额变动的影响程度；同时，还应对成本结构、成本水平的动态变化进行分析，考察成本结构和水平变动的趋势。在此期间，还要分析成本计划的执行情况，考察两者对应的工程进度是否同步增长。通过对成本的一般分析，对企业的成本水平和执行成本计划的情况做出初步评价，并为深入进行成本分析，查明成本升降原因指明方向。

3. 材料核算的表现形式

建筑安装工程材料费的核算，主要依据建筑安装概（预）算定额和地区材料预算价格来进行，因而在工程材料费的核算管理上，也反映在两个方面；一是建筑安装工程概（预）算定额规定的材料定额消耗量与施工生产过程中材料实际消耗量之间的量差；二是地区材料预算价格规定的材料价格与实际采购供应价格之间的价差。工程材料成本的盈亏主要核算这两个方面。

（1）材料的量差

对工程用料、临时设施用料、非生产性其他用料，实行分类记账。同为工程用料应分单位工程记账，划清成本项目。对属于费用性开支非生产性用料，要按规定不得记入工程成本。对供应两个以上工程同时使用的大宗材料，可按定额及完成的工程量进行比例分配，分别记入单位工程成本。

为了抓住重点，简化基层实物量的核算，根据各类工程用料特点，可选定占工程材料费用比重较大的主要材料，如土建工程中的钢材、水泥、防水材料、砂石、混凝土等按品种核算分析，建立分栋号的实物台账。一般材料则按类核算，掌握队、组用料节超情况，从而找出定额与实耗的量差，为企业进行经济活动分析提供资料。

（2）材料的价差

材料价差的发生，要区别供料方式。供料方式不同，其处理方法也不同。由建设单位供料的，按地区材料预算价格向施工单位结算，价格差异发生在建设单位，由建设单位负责核算。施工单位实行包料、按施工图预算包干的，价格差异发生在施工单位，由施工单位材料部门进行核算，所发生的材料价格差异按有关规定列入工程成本。

其他耗用材料，如属机械使用费、施工管理费、其他直接费开支的用料，也由材料部门负责采购、供应、管理和核算。

（三）材料核算的内容和方法

1. 材料流通过程的核算

（1）材料采购的核算

材料采购的核算，是以材料采购预算成本为基础，与实际采购成本相比较，核算其成本降低或超耗程度。

1）材料采购实际价格

材料采购实际价格是材料在采购和保管过程中所发生的各项费用的总和。它是由材料原价、供销部门手续费、包装费、运杂费、采购保管费五方面因素构成的。组成实际价格的五个内容，任何一方面都直接影响到材料实际成本的高低进而影响工程成本的高低。因此，在材料采购及保管过程中，力求节约，降低材料采购成本是材料采购核算的重要环节。

通常市场供应的材料由于货源来自各地，产品成本不一致，运输距离不等，质量情况也有上下。为此在材料采购或加工订货时，要注意材料实际成本的核算，做到在采购材料时作各种比较，即：同样的材料比质量，同样的质量比价格，同样的价格比运距，综合核算材料成本。尤其是地方大宗材料的价格组成，运费占主要成分，尽量做到就地取材，对减少运输及管理费用尤为重要。

按材料实际价格计价，是指对每一材料的收发、结存数量都按其在采购（或委托加工、自制）过程中所发生的实际成本计算单价。其优点是能反映材料的实际成本，准确地核算建筑产品材料费用；缺点是每批材料由于买价和运距不等，使用的交通运载工具也不一致，运杂费的分摊十分繁琐，常使库存材料的实际平均单价发生变化，会使日常的材料成本核算工作十分繁重，从而影响核算的及时性。通常，按实际成本计算价格采用"先进先出法"或"加权平均法"等。

① 先进先出法

是指同一种材料每批进货的实际成本如各不相同时，按各批不同的数量及价格分别计入账册。在发生领用时，以先购入的材料数量及价格先计价核算工程成本，按先后程序依此类推。

② 加权平均法

是指同一种材料在发生不同实际成本时，按加权平均法求得平均单价；当下一批进货时，又以余额（数量及价格）与新购入的数量、价格作新的加权平均计算，得出新的平均价格。

2）材料预算（计划）价格

材料预算价格是由地区主管部门颁布的，以历史水平为基础，并考虑当前和今后的变动因素，预先编制的一种计划价格。

材料预算价格是地区性的，是根据本地区工程分布、投资数额、材料用量、材料来源地、运输方法等因素综合考虑，采用加权平均的计算方法确定的，同时对其使用范围也有明确规定。在地区范围以外的工程，则应按规定增加远距离的运费差价。材料预算价格包括从材料来源地起，至到达施工现场的材料仓库或材料堆放场地为止的全部费用。材料预算价格由下列五项费用组成：材料原价、供销部门手续费、包装费、运杂费、采购及保管费。各项费用的来源及计算方法如下：

① 材料原价

国内生产的材料中，市场销售材料以当地商业部门规定的现行批发牌价并根据本地区实际供需考虑一部分零售价格确定；企业自销产品，按其主管部门批准的现行出厂价计算；构件、成品、半成品由主管部门综合各类企业的生产成本综合计算。

国外生产的材料，按国家批准的进口材料价格。单独引进的成套设备，签订对外合同的，要单独计算价格并另加海关征收的各项费用。

加工材料，其加工费和加工过程的损耗费一并计入材料原价。

综合价格，同一种材料，因产地、包装、供应单位不同时，应按市场占有率加权平均计算。

② 供销部门手续费

按照我国商品定价原则，凡通过市场销售的材料，都要按规定的费率计算供销部门手续费。如果供销部门已将此项手续费包括在原价内时，就不再重复计算此项费用。

③ 包装费

包装费是为了便于材料的运输或为保护材料而进行包装所需要的费用，包括材料本身的包装及支撑、棚布等。如由生产厂负责包装，其费用已计入材料原价内，则不再另行计算，但应扣除包装的回收价值。

包装材料的回收价值，按地区主管部门规定计算，如无规定可参照下列比例结合地区实际情况确定：

木制包装品，回收量按 70％计算，回收价值按包装材料原价的 20％计算；

铁质包装的回收率为：铁桶 95％、薄钢板 50％、钢丝 20％，回收价值按包装材料原价的 50％计算；

纸质、纤维品包装的，回收率为 50％，回收价值按包装材料原价的 50％计算。

包装材料回收价值计算公式为：

$$包装品回收价值 = 包装品（材料）原价 \times 回收率 \times 回收值$$

④ 运杂费

材料运杂费应按材料的来源、运输工具、运输方式、运输里程以及厂家和交通部门规定的运价费率标准进行计算。材料运杂费包括以下内容：

产地至车站、码头的短途运输费；

火车、船舶的长途运输费；

调车及驳船费；

过路、桥、闸及多次装卸费；

有关部门附加费；

合理的运输损耗。

编制材料预算价格时，材料来源地的确定，应贯彻就地、就近取材的原则，结合资源分布、市场占有状况、运输条件等因素确定。

⑤ 采购及保管费

根据材料部门在组织材料资源过程中所发生的各项费用，综合确定的取费标准。通常费率为上述四项费用之和的 2.5%。计算公式为：

采购及保管费 =（材料原价 + 供销部门手续费 + 包装费 + 运杂费）× 采购保管费率%

3）材料采购成本的考核

单项品种的材料在考核材料采购成本时，可以从实物量形态考核其数量上的差异。但企业实际进行采购成本考核，往往是分类或按品种综合考核价值上的"节"与"超"。通常有如下两项考核指标：

① 材料采购成本降低（超耗）额

材料采购成本降低（超耗）额 = 材料采购预算成本 − 材料采购实际成本

式中，材料采购预算成本为按预算价格事先计算的计划成本支出；材料采购实际成本是按实际价格事后计算的实际成本支出。

② 材料采购成本降低（超耗）率

$$材料采购成本降低（超耗）率 = \frac{材料采购成本降低额}{材料采购预算成本} \times 100\%$$

通过此项指标，考核成本降低或超耗的水平和程度。

（2）材料供应的核算

材料供应计划是组织材料供应的依据，是根据施工生产进度计划和材料消耗定额等编制的。施工生产进度计划确定了一定时期内应完成的工程量，而材料供应量是根据工程量乘以材料消耗定额，并考虑库存、合理储备、综合利用等因素经平衡后确定的。因此按质、按量、按时配套供应各种材料，是保证施工生产正常进行的基本条件之一。所以检查考核材料供应计划的执行情况，主要是检查材料收入的执行情况，它反映了材料供应对生产的保证程度。

材料供应计划的执行情况，就是将一定时期（旬、月、季、年）内的材料实际收入量与计划收入量作对比，以反映计划完成情况。一般情况下，从以下两个方面进行考核。

1）材料供应计划完成率

就是考核材料供应量是否充足，某种材料在某一时期内的收入总量是否完成了计划，检查收入量是否满足了施工生产的需要。其计算公式为：

$$材料供应计划完成率 = \frac{实际收货量}{计划供应量} \times 100\%$$

2）材料供应的及时率

在考核材料供应计划的执行情况时，还会遇到收入总量的计划完成情况较好，但实际上施工现场却发生停工待料现象。这是因为在供应工作中还存在收入时间是否及时的问题，也就是说，即使收入总量充分，但供应时间不及时，也同样会影响施工生产的正常进行。计算公式为：

$$材料供应及时率 = \frac{实际供应保证生产的天数}{实际作业天数} \times 100\%$$

3）材料供应效益的核算

材料供应效益的核算主要分为工程项目部的材料供应效益和所在企业材料供应效益两个层级的核算。工程项目部内部还可根据专业分工或特别针对某种材料、某类材料进行单项的供应效益核算。按某种材料进行供应效益的核算最为基础，其总和最终构成了全部材料供应效益的总成果，但在进行其他费用分摊时会存在不准确的因素。

$$\begin{array}{c}某种（类）材料 \\ 供应额利润率\end{array} = \frac{\begin{array}{c}该种（类）材料 \\ 供应总额\end{array} - \begin{array}{c}该种（类）材料 \\ 采购总额\end{array} - 采购费用 - 其他费用分摊}{该种（类）材料供应总额} \times 100\%$$

其中：采购费用包括：代销部门手续费、包装费、运杂费、采购管理费。

其他费用包括：银行贷款费用及利息、材料管理人员工资及津贴、行政办公费、固定资产折旧费、其他税费。

$$\begin{array}{c}工程项目部材 \\ 料供应利润率\end{array} = \frac{\Sigma 各类材料\left(\begin{array}{c}供应 \\ 总额\end{array} - \begin{array}{c}采购 \\ 总额\end{array}\right) - \begin{array}{c}材料 \\ 部门\end{array}\left(\begin{array}{c}费用支 \\ 出总额\end{array} + \begin{array}{c}人员工资 \\ 及津贴\end{array} + \begin{array}{c}费用 \\ 分摊\end{array}\right)}{各项材料供应总额} \times 100\%$$

（3）材料储备的核算

为了防止材料的积压和储备不足，保证生产的需要，加速资金的周转，企业必须经常检查材料储备定额的执行情况，分析是否超储或不足。

检查材料储备定额的执行情况，是将实际储备材料数量（金额）与储备定额数量（金额）相对比。当实际储备数量超过最高储备定额时，说明材料有超储积压；当实际储备数量低于最低储备定额时，说明企业材料储备不足，需要动用保险储备。

材料储备的周转状况，通常是企业材料储备管理水平的标志。反映储备周转的指标可分为两类。

1）储备实物量的核算

实物量储备的核算是对实物周转速度的核算。核算材料对生产的保证天数及在规定期限内的周转次数和周转1次所需天数。其计算公式为：

$$材料储备对生产的保证天数 = \frac{某种材料期末库存量}{该种材料平均每日消耗量}$$

$$材料周转天数 = \frac{某种材料年度消耗量}{该材料平均库存量}$$

$$材料周转天数 = \frac{某种材料平均库存量}{该种材料年度消耗量} \times 360 天$$

【示例 8-4】 某建筑企业核定砂子的最高储备天数为 5.5 天，某年度 1～12 月耗用砂子 149328t，其平均库存量为 3360t，期末库存为 4100t。计算其实际储备天数对生产的保证程度及超储或储备不足情况。

解：

$$实际储备天数 = \frac{砂子平均库存量}{砂子年度消耗量} \times 360 天 = \frac{3360}{149328} \times 360 = 8.1 天$$

$$对生产的保证天数 = \frac{砂子期末库存量}{砂子平均每日消耗量} = \frac{4100 \times 360}{149328} = 9.98 天$$

$$超储天数 = 报告期实际天数 - 最高储备天数 = 8.1 - 5.5 = 2.6 天$$

$$超储数量 = 超储天数 \times 平均每日消耗量 = 2.6 \times \frac{149328}{360} = 1078.48t$$

2）储备价值量的核算

价值形态的检查考核，是把实物数量乘以材料单价用货币作为单位进行综合计算，其好处是能将不同质量、不同价格的各类材料进行最大限度地综合。它的计算方法除上述的有关周转速度方面（周转次、周转天）均为适用外，还可以从百元产值占用材料储备资金情况及节约使用材料资金方面进行计算考核。其计算公式为：

$$百元产值占用材料储备资金 = \frac{定额流动资金中材料储备资金平均数}{年度完成建安工作量} \times 100\%$$

$$流动资金中材料资金节约率 = (计划周转天数 - 实际周转天数) \times \frac{年度材料消耗金额}{360}$$

【示例 8-5】某施工企业全年完成建安工作量 1168.8 万元，年度耗用材料总量为 888.29 万元，其平均库存为 151.78 万元，核定周转天数为 70 天。现要求计算该企业的实际周转次数、周转天数、百元产值占用材料储备资金及节约材料资金情况。

$$周转次数 = \frac{888.29}{151.78} = 5.85 次$$

$$周转天数 = \frac{151.78 \times 360}{888.29} = 61.51 天$$

$$百元产值占用材料储备资金 = \frac{151.78}{1168.8} \times 100 = 12.99 元$$

$$流动资金节约额 = (70 - 61.51) \times \frac{888.29}{360} = 20.95 万元$$

2. 材料使用过程的核算

（1）工程费用组成的内容

建筑安装工程费，按国家现行有关文件规定，由直接工程费、间接费和利润税金三部分组成。

1）直接工程费

直接工程费是由直接费、其他直接费和现场经费组成的。

① 直接费

包括：人工费、材料费和施工机械使用费。

人工费，是指直接从事建筑安装工程的生产工人和附属生产单位（非独立经济核算单位）工人开支的各项费用。

$$人工费 = \Sigma(人工概预算定额消耗量 \times 工程量 \times 相应等级的工资单价)$$

材料费，是指施工过程中耗用的构成工程实体的原材料、辅助材料、构配件、零件和半成品的费用，以及周转材料的摊销（或租赁）费用。

$$材料费 = \Sigma(材料概预算定额消耗量 \times 工程量 \times 材料预算单价)$$

施工机械使用费，是指使用施工机械作业所发生的机械使用费以及机械安、拆和进出场费。

$$施工机械使用费 = \Sigma(施工机械台班概预算定额用量 \times 工程量 \times 机械台班单价)$$

② 其他直接费

是指除了直接费之外的，在施工过程中发生的具有直接费性质的费用。一般包括：冬雨期施工增加费；夜间施工增加费；材料二次搬运费；仪器、仪表使用费；生产工具使用费；检验试验费；特殊工程培训费；工程定位复测、工程点交、场地清理等费用；特殊地区施工增加费。

其他直接费是按相应的计取基础乘以其他直接费率确定的。

土建工程：其他直接费＝直接费×其他直接费率

安装工程：其他直接费＝人工费×其他直接费率

③ 现场经费

是指为施工准备，组织施工生产和管理所需的费用，包括临时设施费和现场管理费两方面。

临时设施费，是指施工企业为进行建筑安装工程施工所必需的生活和生产用的临时建筑物、构筑物和其他临时设施的搭设、维修、拆除费用或摊销费用。临时设施费包括临时宿舍、文化福利及公用事业房屋与构筑物、仓库、办公室、加工厂及规定范围内道路、水、电、管线等临时设施和小型临时设施。临时设施费一般单独核算，包干使用。

现场管理费，是指发生在施工现场一级，针对工程施工所进行的组织经营管理等支出的费用。现场管理费由以下内容组成：

现场管理人员的基本工资、工资性补贴、职工福利费、劳动保护费等，现场办公费，差旅交通费，固定资产使用费，工具用具使用费，保险费，工程保修费，工程排污费，其他费用。

现场管理费是按相应的计取基础乘以现场管理费率确定的。计算公式如下：

土建工程：现场管理费＝直接费×现场管理费费率

安装工程：现场管理费＝人工费×现场管理费费率

2）间接费

由施工管理费和其他间接费组成。包括企业管理费、财务费、其他费用。

① 企业管理费

指施工企业为组织施工生产经营活动所发生的管理费用。内容包括：企业管理人员的基本工资；企业办公费；差旅交通费；固定资产使用费；工具用具使用费；工会经费；职工教育经费；劳动保险费；职工养老保险费及待业保险费；保险费；税金；其他费用。

② 财务费

指企业为筹集资金而发生的各项费用，包括企业经营期间发生的短期贷款利息净支出、汇兑净损失、金融机构手续费，以及企业筹集资金发生的其他财务费用。

③ 其他费用

其他费用包括按规定支付的工程造价（定额）管理部门的定额编制管理费和劳动定额管理部门的定额测定费，以及按有关部门规定支付的上级管理费。

3）利润和税金

利润是指建安企业为社会劳动所创造的价值在建筑安装工程造价中的体现。是按照规定的利润率计取的利润。

税金是指国家税法规定的应计入建筑安装工程费用的营业税、城乡维护建设税及教育费附加。

（2）材料使用过程的核算

现场材料使用过程的管理，主要是按单位工程实行定额供料和对施工组织耗用材料实行限额领料管理。前者是按概（预）算定额对在建工程实行定额供应材料；后者是在分部分项工程中以施工定额对施工组织限额领料。实行限额领料，是工程材料消耗管理的出发点，是工程材料核算、考核工程项目经营成果的依据。

实行限额领料有利于加强企业材料管理，提高企业管理水平；有利于合理地有计划地使用材料；有利于调动操作人员的积极性。实行限额领料，就是要使生产部门养成"先算后用"和"边用边算"的习惯，克服"先用后算"或者是"只用不算"的粗放管理行为。

检查材料消耗情况，主要是用材料的实际消耗量与定额消耗量进行对比，反映材料节约或浪费的情况。由于材料的使用情况不同，因而考核材料的节约或浪费的方法也不相同，现就几种情况分别叙述如下：

1）考核某项工程某种材料的定额与实际消耗情况，计算公式如下：

某种材料节约（超耗）量 = 某种材料定额耗用量 − 该种材料实际耗用量

上式计算结果为正数，则表示节约；反之计算结果为负数，则表示超耗。

$$某种材料节约（超耗）率 = \frac{某种材料定额耗用量 − 该种材料实际耗用量}{该种材料定额耗用量} \times 100\%$$

同样，结果为正百分数表示节约率；负百分数表示超耗率。

【示例 8-6】 某工程浇捣墙基 C20 混凝土，每 m^3 定额用矿渣 42.5 水泥 245kg，共浇捣 23.6m^3，实际用水泥 5204kg，则：

$$水泥节约量 = 5204 − 245 \times 23.6 = 578kg$$

$$水泥节约率 = \frac{578}{245 \times 23.6} \times 100\% = 10\%$$

2）核算多项工程某种材料消耗情况

其节约或超支的计算式同上，但某种材料的计划耗用量，即定额要求完成一定数量建筑安装工程所需消耗的材料数量的计算公式应为：

某种材料定额耗用量 = Σ（材料消耗定额 × 实际完成的工程量）

【示例 8-7】 某工程浇捣混凝土和砌墙工程均需使用黄砂，工程资料见表 8-2 所示。

工程资料表　　　　　　　　　　　　　　　　　　表 8-2

分部分项工程名称	完成工程量（m^3）	消耗定额（kg/m^3）	限额用量（t）	实际用量（t）	节约量（−）超支量（+）（t）	节约率（−）超支率（+）（%）
M5 砂浆砌一砖半外墙	65.4	325	21.255	20.520	0.735	3.46
现浇 C20 混凝土圈梁	2.45	656	1.6072	1.702	−0.0948	−5.91
合　计			22.8622	22.222	0.0642	2.80

根据表 8-2 资料计算得到：

M5 砂浆砌一砖半外墙砂子节约量＝限额用量－实际用量＝21.255－20.520＝0.735t

$$M5\ 砂浆砌一砖半外墙砂子节约率＝\frac{限额用量－实际用量}{限额用量}×100\%＝\frac{21.255－20.520}{21.255}$$

×100％＝3.46％

现浇 C20 混凝土圈梁砂子节约量＝限额用量－实际用量＝1.6072－1.702＝0.0948t

$$现浇 C20\ 混凝土圈梁砂子节约率＝\frac{限额用量－实际用量}{限额用量}×100\%\ \frac{1.6072－1.702}{1.6072}×$$

100％＝－5.91％

同理，可计算出两项操作共节约砂子 0.642t，其节约率为 2.80％。

3）核算一项工程使用多种材料的消耗情况

由于材料的使用价值不同，计量单位各异，不能直接相加进行考核，因此需要利用材料价格作为同度量单位相加后，与总量对比进行考核。计算公式如下：

材料节约或超支额 ＝Σ材料价格×（材料实际消耗量－材料定额消耗量）

【示例 8-8】某施工企业以 M5 混合砂浆砌一砖半外墙100m³，各种材料的定额消耗金额及实际消耗金额情况见表 8-3 所示。

定额/实际消耗金额   表 8-3

材料名称	单位	消耗数量		计划价格（元）	消耗金额		节约（+）超支（－）额（元）	节约（+）超支（－）率（%）
		应耗	实耗		应耗	实耗		
矿渣水泥	kg	4746	4350	0.293	1390.58	1274.55	116.03	8.34
黄砂	kg	33130	36000	0.058	1921.54	2088.00	－166.46	－8.66
石灰膏	kg	3386	4036	0.350	1185.10	1526.00	－340.90	－28.76
标准砖	块	53600	53000	0.450	24120.00	23850.00	270.00	1.11
合计					28617.22	28738.55	－121.33	－0.40

根据下列公式依次计算各种材料节约额

材料节约额 ＝（材料应耗数量－材料实耗数量）×计划价格

$$材料节约率 ＝\frac{（材料应耗数量－材料实耗数量）×计划价格}{材料应耗数量×计划价格}×100\%$$

4）核算多项分项工程使用多种材料的消耗情况

这种核算方式一般适用于以单位工程为对象的材料消耗情况的核算，它既可了解分部分项工程以及各项材料的定额执行情况，又可综合分析全部工程项目耗用材料的效益情况，见表 8-4 所示。

材料节约（超耗）额 ＝材料消耗按定额计费用－材料消耗按实际计费用

$$材料节约（超耗）率 ＝\frac{材料消耗按定额计费用－材料消耗按实际计费用}{材料消耗按定额计费用}×100\%$$

$$＝\frac{66677.40－67556.03}{66677.40}×100\%$$

$$＝－1.3\%$$

材料消耗分析表　　表 8-4

工程名称	工程量		材料		材料单耗		材料价格（元）	材料费用（元）	
	单位	数量	名称	单位	实际	定额		实际	定额
C10 基础加固混凝土	m³	18.1	水泥	kg	187	194	0.293	991.72	1028.84
			黄砂		578	581	0.580	6067.84	6099.34
			碎石		1034	1050	0.600	11229.24	11403.00
			大石块		473	450	0.550	4708.72	4479.75
C20 基础钢筋混凝土		36.42	水泥		246	254	0.293	2625.08	2710.45
			黄砂		607	615	0.580	12822.02	12991.01
			碎石		1292	1320	0.600	28232.78	28844.64
合计								66677.40	67556.03

（3）周转材料的核算

由于周转材料可多次反复使用于施工过程，因此其价值的转移方式也不同于材料一次转移，而是分多次转移，通常称为摊销。周转材料的核算是以价值量核算为主要内容，核算周转材料的费用收入与支出的差异和摊销额度。

1）费用收入

周转材料的费用收入是以施工图为基础，以概（预）算定额为标准随工程款结算而取得的资金收入。

在概（预）算定额中，周转材料的取费标准是根据不同材质综合编制的，在施工生产中无论实际使用何种材质，取费标准均不予调整。以脚手架和模板为例，周转材料的费用收入主要计算方法如下：

工业与民用建筑脚手架，分为单层建筑脚手架、现浇预制框架建筑脚手架和其他建筑脚手架。除烟囱、水塔脚手架外，其他均按建筑面积以 m² 计算。定额中分为综合脚手架、单排及双排架子、满堂红架子等 9 项共 17 个子项，每个子项都规定了取费标准，分别按建筑面积和投影面积计取费用。

模板工程分为基础、梁、墙、台、柱等不同部位，每一操作项目规定有不同的费用标准。以每 m³ 混凝土量为单位计取费用。在每项费用中均已包括了板、零件和钢支撑的费用。

2）费用支出

周转材料的费用支出是根据施工工程的实际投入量计算的。在对周转材料实行租赁的企业，费用支出表现为实际支付的租赁费用和维修、赔偿费用；在不实行租赁制度的企业，费用支出表现为按照上级规定的摊销率所提取的摊销额。计算摊销额的基数为全部周转材料拥有量。

3）费用摊销

① 一次摊销法

一次摊销法是指周转材料一经使用，其价值即全部转入工程成本的摊销方法。它适用于与主件配套使用并独立计价的零配件的核算等。

② 五·五摊销法

指投入使用时，将其价值的 50％摊入工程成本；待报废期时，再将另 50％摊入工程成本的摊销方法。它适用于价值偏高，不宜一次摊销的周转材料。

③ 期限摊销法

期限摊销法是根据周转材料使用期限和单价来确定摊销额度的摊销方法。它适用于价值较高，使用期限较长的周转材料。计算方法如下：

第一步：分别计算各种周转材料的月摊销额，公式如下：

$$某种周转材料月摊销额(元) = \frac{某种周转材料采购价 - 预计残余价值}{该种周转材料预计使用年限(月)}$$

第二步：计算各种周转材料月摊销率，公式如下：

$$某种周转材料月摊销率(\%) = \frac{某种周转材料月摊销额}{该种周转材料采购价}$$

第三步：计算月度周转材料总摊销额，公式如下：

$$周转材料月摊销额(元) = \Sigma(某种周转材料采购价 \times 该种周转材料摊销率)$$

（4）工具的核算

1）费用收入与支出

在施工生产中，工具费的收入是按照框架结构、排架结构、升板结构、全装配结构等不同结构类型以及宾馆和大型公共建筑等，分不同檐高（20m 以上和以下），以每 m^2 建筑面积计取。一般情况下生产工具费用约占工程直接费的 20％左右。

工具费的支出包括购置费、租赁费、摊销费、维修费以及个人工具的补贴费等项目。

2）工具的账务

与施工企业的工具财务管理和实物管理相对应，工具账分为由财务部门建立的财务账和由材料部门建立的业务账。

① 财务账分为以下三种：

总账（一级账）是以货币单位反映工具资金来源和资金占用的总体规模。资金来源是购置、加工制作、从其他企业调入、向租赁单位租用的工具价值总额。资金占用是企业在库和在用的全部工具价值余额。

分类账（二级账）是在总账之下，按工具类别所设置的账户，用于反映工具的摊销和余值状况。

分类明细账（三级账）是针对二级账户的核算内容和实际需要，按工具品种而分别设置的账户。

在实际工作中，上述三种账户要平行登记，做到各类费用的对口衔接。

② 业务账分为以下四种：

总数量账：用以反映企业或单位的工具数量总规模，可以在一本账簿中分门别类地登记，也可以按工具的类别分设几个账簿进行登记。

新品账：亦称在库账，用以反映已经投入使用的工具的数量，是总数量账的隶属账。

旧品账：亦称在用账，用以反映经投入使用的工具的数量，是总数量账的隶属账。当因施工需要使用新品时，按实际领用数量冲减新品账，同时记入旧品账。某种工具在总数量账上的数额，应等于该种工具在新品账和旧品账的数额之和。当旧品完全损耗时按实际消耗冲减旧品账。

在用分户账：用以反映在用工具的动态和分布情况。是旧品账的隶属账。某种工具在旧品账上的数量，应等于各在用账上的数量之和。

3）工具费用的摊销

① 一次摊销法，是指工具一经使用其价值即全部转入工程成本，并通过收入的工程款得到一次性补偿的核算方法。它适用于消耗性工具。

②"五·五"摊销法，与周转材料核算中"五·五"摊销方法一样，是指工具投入使用后，先将其价值的一半摊入工程成本，待其报废后，再将另一半价值摊入工程成本，通过工程款收入分两次得到补偿的核算方法。它适用于价值较低的中小型低值易耗工具。

③ 期限摊销法，是指按工具使用年限和单价确定每次摊销额度，多次摊销的核算方法。在每个核算期内，工具的价值只是部分地进入工程成本并得到部分补偿。它适用于固定资产工具及价值较高的低值易耗工具。

主 要 参 考 文 献

[1] 李慧平：建筑企业材料供应与管理[M]，北京：中国环境科学出版社，2006。

[2] 田振郁：工程项目管理实用手册[M]，北京：中国建筑工业出版社，2007。

[3] 住房和城乡建设部定额研究所：GB 50500—2013 建设工程工程量清单计价规范[S]，北京：中国计划出版社，2013。